TRAITÉ DE L'ASTRONOMIE INDIENNE ET ORIENTALE,

Ouvrage qui peut servir de suite à l'Histoire de l'Astronomie ancienne.

PAR M. BAILLY, Garde honoraire des Tableaux du Roi, l'un des quarante de l'Académie françoise, de l'Académie royale des Inscriptions & Belles-Lettres, de celle des Sciences, de l'Institut de Bologne, des Académies de Stockholm, de Harlem & de Padouë, & de la Société des Antiquités de Cassel.

A PARIS,

Chez DEBURE l'aîné, Libraire de la Bibliothèque du Roi & de l'Académie des Inscriptions & Belles-Lettres, quai des Augustins, & au mois d'Avril 1787, rue Serpente, hôtel Ferrand, n°. 6.

M. DCC. LXXXVII.

DISCOURS PRÉLIMINAIRE.

PREMIÈRE PARTIE.

De l'Aſtronomie indienne.

LES Indiens exiſtent en corps de peuple depuis un grand nombre de ſiècles : ils en ont conſervé les traditions ; & ce peuple peut être regardé comme le poſſeſſeur des plus précieux reſtes de l'antiquité. Ces reſtes ſont d'ailleurs auſſi purs qu'ils ſont antiques ; car dans ſon indolence il poſſede ſans acquérir, & ſon orgueil l'empêche de rien adopter: Il eſt encore aujourd'hui ce qu'ont été ſes premiers auteurs qui ont tout inſtitué.

C'eſt à ces anciens habitans de l'Aſie qu'eſt due l'Aſtronomie que nous nous propoſons d'expliquer dans cet ouvrage ; la recherche des élémens de cette ſcience nous a paru curieuſe & utile. On aime à ſavoir juſqu'à quel degré de connoiſſances s'étoient élevés les anciens ; & comment la conſtance & le tems avoient ſuppléé chez eux à notre induſtrie & à l'appareil de nos inſtrumens. En même tems l'Aſtronomie, qui offre des dates, ſert ici à l'hiſtoire, pour jeter quelque jour ſur la chronologie des nations de l'Aſie ; & pour nous montrer la ſucceſſion des peuples par la ſucceſſion des lumières qu'ils ſe ſont communiquées. Mais cette Aſtronomie peut ſur-tout être utile à nos ſciences modernes, en nous offrant d'anciennes déterminations, qui nous ſervent de point de comparaiſon, & qui, lorſque le ciel nous découvre ce que ſont aujourd'hui les mouvemens céleſtes, nous apprennent ce qu'ils ont été jadis. S'il y a quelque choſe dans la nature qui ne change pas, notre habileté moderne a le plus ſouvent tout ce qu'il faut pour le ſaiſir : mais ce qui change, ce qui change inſenſiblement, ce ſont les ſiècles qui peuvent nous l'apprendre ; c'eſt là où le tems fait plus que le génie. L'Aſtronomie indienne a donc cet avantage, de nous tranſporter dans une antiquité reculée, pour y voir le ciel & ſes apparences par les yeux de ceux qui en ont été les témoins.

La première connoiſſance que nous avons eue de l'Aſtronomie indienne nous eſt venue de Siam. M. de la Loubere que Louis XIV y envoya en ambaſſade en 1687, a rapporté les préceptes de ces peuples pour le calcul des éclipſes ; mais ces préceptes étoient incomplets, ſans exemple de calcul ; il a fallu toute la ſagacité de Dominique Caſſini pour parvenir à l'explication qu'il nous en a donnée. M. le Gentil, de l'Académie des ſciences, a rapporté en 1772 de la côte de Coromandel, les Tables & les préceptes astronomiques des Indiens de Tirvalour. Ces préceptes sont beaucoup plus étendus, plus complets que ceux que nous devons à M. de la Loubere. M. le Gentil les a accompagnés d'exemples qui en facilitent l'intelligence ; il ne nous manque rien pour les comprendre & pour les pratiquer. Nous avons trouvé de plus au dépôt des cartes & des plans de la Marine deux manuscrits de Tables indiennes, qui y ont été déposés par feu M. de Lisle ; l'un lui a été donné par le P. Patouillet qui étoit le correspondant des Missionnaires ; & l'autre envoyé de l'Inde par le P. du Champ au P. Gaubil, avoit été communiqué par ce Missionnaire à M. de Lisle. Ces deux manuscrits sont imprimés à la suite de cet ouvrage : ils sont authentiques, & les Tables ont tous les caractères d'originalité, qui témoignent qu'elles appartiennent aux Indiens.

On possede donc en Europe aujourd'hui quatre différentes Tables indiennes que l'on peut rapprocher & comparer. On n'a prétendu les examiner ici que relativement aux époques & aux moyens mouvemens ; c'est l'étude la plus utile à notre Astronomie moderne. Les époques doivent nous apprendre les observations & la date des travaux qui ont fondé & réglé cette Astronomie ; & les moyens mouvemens comparés aux nôtres, peuvent servir à les rectifier, & à nous éclairer sur leur constance ou sur leurs changemens.

Les Indiens de Siam ont deux années (1) : l'une civile &

(1) *Infrà*, pages 7 & 25.

lunaire, qui commence au solstice d'hiver, & qui y est attachée par des intercalations (1); l'autre solaire & astronomique, commence actuellement au printems, & a une origine variable. Le zodiaque indien, dans lequel s'accomplissent ces révolutions, n'a point, comme le nôtre, son origine à l'intersection de l'équateur & de l'écliptique, ou à l'équinoxe du printems. Il est réglé par rapport aux étoiles, & il avance comme elles, en s'éloignant de l'équinoxe. Ce mouvement est, selon les Indiens, de 54″ par an, & la révolution entière s'achève en vingt-quatre mille ans (2); c'est-à-dire, que le point où est placée l'origine de ce zodiaque ayant quitté l'équinoxe du printems, s'avance, rencontre les solstices & l'autre équinoxe, & ne revient à celui du printems qu'après vingt-quatre mille ans révolus. On voit pourquoi les anciens peuples de l'antiquité se sont partagés; les uns commençant l'année au solstice d'hiver, les autres au printems. Ces deux usages ont ici leur source. L'année a commencé primitivement au solstice d'hiver : depuis cette époque, la révolution solaire, suivant toujours l'origine du zodiaque, est parvenue enfin à commencer à l'équinoxe, lorsque l'origine du zodiaque y a été transportée; & il viendra un tems où cette origine & le commencement de l'année indienne arriveront au solstice d'été. On voit donc que ces changemens ont été successifs, motivés, & n'ont point été arbitraires.

---

(1) *Infrà*, p. 27.

(2) M. le Gentil, Mémoires de l'Académie des Sciences 1772, Par. II, p. 191.

Ce zodiaque a deux diviſions : l'une ſemblable à la nôtre, eſt en douze ſignes, chacun de trente degrés ; l'autre en vingt-ſept conſtellations, chacune de treize degrés vingt minutes. Mais il y a cette différence, que tandis que les vingt-ſept conſtellations ſont déſignées par des étoiles (1), les douze ſignes ne ſemblent y avoir aucun rapport ; on voit que c'eſt une forme de calcul, & rien de plus. Le calcul donne les poſitions des aſtres dans les douze ſignes ; & quand on veut connoître le lieu de ces aſtres dans le ciel, on détermine à laquelle des vingt-ſept conſtellations leur poſition répond (2). Le zodiaque en douze ſignes, eſt une diviſion abſtraite, mathématique ; le zodiaque en vingt-ſept conſtellations, eſt le véritable zodiaque étoilé (3) : & comme cette dernière diviſion a été attachée au ciel viſible & aux points lumineux qui le partagent, on peut conclure, comme l'a fait M. le Gentil (4), qu'elle a été la première imaginée & exécutée. L'Aſtronomie lunaire a donc précédé chez ces peuples l'Aſtronomie ſolaire. La lune parcourt le zodiaque en vingt-ſept jours un tiers environ, c'eſt ſon mouvement qui a ſervi à le diviſer : les étoiles qui y ſont ſemées, ont indiqué jour par jour le chemin de la lune ; & à ſon tour cette planète paſſant ſucceſſivement auprès des différentes étoiles, a ſervi à eſtimer leurs diſtances, c'eſt-à-dire, à

(1) M. le Gentil, Mém. Acad. Sc. 1772, P. II, p. 209.

(2) *Infrà*, p. 9, & les Tables indiennes du P. du Champ, p. 366.

(3) Hiſtoire de l'Aſtron Mod. T. III, p. 301.

(4) M. le Gentil, Mém. Acad. Sc. 1772, P. II, p. 207.

déterminer leurs longitudes. Cette conclusion de l'antériorité de la division en vingt-sept constellations, est confirmée par l'année lunaire que les Indiens ont conservée en même tems que l'année solaire. Celle-ci a bien plus d'avantage pour marquer les travaux de l'agriculture & le retour des saisons. L'année lunaire n'auroit été ni inventée ni mise en usage, si l'année solaire avoit été connue ; l'année lunaire a dû nécessairement la précéder.

La révolution de la lune à l'égard des étoiles de 27j 7h 44′ 3″, a été faite de 28 jours en nombre rond ; & c'est cette révolution qui a été partagée en quatre parties ou semaines de sept jours. Les Indiens ont de tems immémorial cette subdivision ; & la preuve qu'ils nous l'ont communiquée, c'est que les jours de ces semaines sont désignés chez eux comme chez nous par les planètes, & dans le même ordre que nous leur assignons :

Soucravaram	Jour de Venus,	Vendredi.
Sañyvaram	Jour de Saturne,	Samedi.
Additavaram	Jour du Soleil,	Dimanche.
Somavaram.	Jour de la Lune,	Lundi.
Mangalavaram	Jour de Mars,	Mardi.
Boutavaram.	Jour de Mercure,	Mercredi.
Brahaspativaram. . . .	Jour de Jupiter,	Jeudi (1).

Les révolutions des planètes sont les tems qu'elles employent à parcourir le zodiaque, & les Indiens placent

(1) M. le Gentil, Mém. Acad. Scien. 1772, P. II, p. 189.

toujours leur époque dans une conjonction ou de toutes les planètes, ou du soleil & de la lune. L'époque de Siam répond au 21 Mars de l'an 638 de notre ère, & au moment où le soleil est entré dans le zodiaque mobile (1). Cette époque établie, ils calculent le moyen mouvement des deux astres, en faisant usage de deux périodes, l'une de 800 années ou 292207 jours, donne le mouvement du soleil (2). En effet quand on sait que cet astre parcourt 800 fois le zodiaque en 292207 jours, on peut toujours savoir l'espace qu'il parcourt dans un tems donné. L'autre période est de 19 années qui renferment 235 révolutions de la lune (3). Elle donne donc le rapport des révolutions & des vîtesses des deux astres. Le mouvement de l'un étant déterminé par la première période, celui de l'autre l'est par la seconde. Quand on a calculé ainsi les moyens mouvemens, on les corrige en y appliquant les inégalités auxquelles ils sont assujettis ; & les plus grandes de ces inégalités sont dans les Tables de Siam de 2° 10′ 32″ pour le soleil, & de 4° 56′ pour la lune (4). L'apogée du soleil est supposé fixe (5), & en cela les Indiens qui ont construit ces Tables, se trompent peu. La position de l'apogée à l'égard des étoiles ne varie qu'insensiblement, & il faut des siècles pour appercevoir l'erreur de cette supposition.

Les deux périodes que je viens de rapporter, font voir que les Indiens supposent deux années solaires différentes :

(1) *Vide infrà* les pages 11 & 18.

(2) *Infrà*, p. 7.

(3) *Infrà*, p. 4.

(4) *Infrà*, p. 9 & 11.

(5) *Infrà*, p. 9.

l'une, déduite de la période de 292207 jours qui renferment 800 révolutions, eſt une année ſolaire & ſidérale de 365^{j} 6^{h} $12'$ $30''$ (1); l'autre conclue de la période de 19 ans, eſt de 365^{j} 5^{h} $55'$ $13''\frac{3}{4}$ (2). La première eſt aſſez exacte : ſi nous la réduiſons à une année réglée par rapport à l'équinoxe, nous la trouverons de 365^{j} 5^{h} $50'$ $35''$ (3), qui ne diffère pas de deux minutes de celle que nous obſervons aujourd'hui. L'autre année, qui s'en éloigne un peu davantage, a été fixée ainſi pour la conciliation des mouvemens des deux aſtres. On a voulu que 19 années fiſſent préciſément 235 révolutions lunaires. Cette année a pour principal objet de régler les fêtes des Indiens (4); & le culte religieux attache toutes ces fêtes à la lune & à ſes différentes phaſes (5). Ce qu'il y a de ſingulier, c'eſt que les Indiens partagent leur année lunaire en 360 jours, quoique cette année ne contienne réellement que 354^{j} 8^{h} $48'$. Les 360 jours ſont des jours fictifs, des jours plus courts que nos jours ſolaires (6). Les Indiens ont des réductions très-ingénieuſes & fort exactes, pour revenir de cette ſuppoſition, qui leur eſt commode dans le calcul, à la réalité des mouvemens céleſtes (7). Les Brames de Tirvalour employent une hypothèſe ſemblable à l'égard du ſoleil; ils ſuppoſent que cet

(1) *Infrà*, p. 7 & 23.
(2) *Infrà*, p. 25.
(3) *Infrà*, p. 124.
(4) *Infrà*, p. 25.
(5) Holwel, évenemens hiſtoriques relatifs au Bengale, Part. II, p. 142.
(6) *Infrà*, p. 5, 10, 34, 80.
(7) *Infrà*, p. 37.

aſtre

aſtre fait un degré par jour (1). Il en réſulte que l'année qui embraſſe les 360 degrés du cercle, doit être fictivement de 360 jours. L'hypothèſe eſt la même pour les deux aſtres. Telle eſt la ſource des années de 360 jours, que l'on croit avoir été jadis en uſage, & dans leſquelles l'ordre des ſaiſons auroit été bientôt renverſé. Cette année n'a jamais pu exiſter que comme elle exiſte ici chez les Indiens, comme ſuppoſition de calcul. C'eſt une année hypothétique. Les Indiens ne s'y trompent point ; mais les Grecs s'y ſont mépris, & leurs auteurs ont répété que l'antiquité avoit eu une année de 360 jours.

Telles ſont les Tables des Siamois, expliquées par Dominique Caſſini ; elles ſe bornent à trouver les longitudes vraies du ſoleil & de la lune. Le reſte du calcul manque, & l'on étoit juſques-là peu avancé dans la connoiſſance de l'Aſtronomie indienne ; les Tables que nous avons enſuite ſoumiſes à l'examen, ſont celles qui ont été envoyées par le Pere du Champ (2), & qui paroiſſent avoir été priſes dans la ville de Chriſnabouram, ville de la preſqu'île en-deçà du Gange, & du pays appelé le Carnate : ces Tables procèdent abſolument par les mêmes formes que les nôtres ; elles n'en different que par les élémens. Elles renferment pluſieurs choſes remarquables.

1°. Les moyens mouvemens ſont calculés pour des années

(1) M. le Gentil, Mémoires de l'Ac. des Scien. 1772, Part. II, p. 228 : *Infrà*, p. 80.

(2) *Infrà*, p. 317.

de 364 jours (1) ; & on ne peut ſuppoſer qu'une raiſon à cet uſage, c'eſt de comprendre dans une année un nombre complet de ſemaines & de révolutions de la lune, chacune de 28 jours. En effet 364 jours font 52 ſemaines ou 13 révolutions de 28 jours. Cette forme d'année eſt un témoin ſubſiſtant de l'ancien uſage des mois de 28 jours.

2°. Nous ne trouvons point dans ces Tables la période de 19 ans, employée à Siam, pour concilier les mouvemens du ſoleil & de la lune ; période dans laquelle on intercale ſept fois. Ici on intercale un mois tous les 976 jours (2). Voilà donc une ſeconde méthode qui a le même but & le même uſage.

3°. Les Tables de Siam ſuppoſent l'apogée du ſoleil fixe dans le zodiaque ; & ce point de l'orbite ſolaire n'a de mouvement apparent que celui du zodiaque même, & celui des étoiles à l'égard de l'équinoxe. Ici on lui donne un mouvement propre dans le zodiaque (3) : ce mouvement eſt à à la vérité très-lent, & beaucoup plus que les phénomènes céleſtes ne l'exigent ; mais c'eſt une perfection de ces Tables de l'avoir reconnu & admis.

4°. Les mouvemens moyens de ces Tables different des nôtres, & les raiſons de cette différence ſeront bientôt diſcutées ; mais ce qu'il y a de remarquable, c'eſt que l'erreur eſt la même pour le ſoleil & pour la lune dans un intervalle donné (4) ; de manière que, quelle que ſoit cette erreur,

(1) *Infrà*, p. 34 & 324.
(2) *Infrà*, p. 36.
(3) *Infrà*, p. 44, 331, 356.
(4) *Infrà*, p. 45.

ſi elle aſſigne à ces aſtres une poſition fauſſe, elle n'empêche pas que leur rencontre ne ſoit annoncée aſſez juſte. Les Indiens ne ſe méprennent guères dans la prédiction des éclipſes, & ils les annoncent aujourd'hui preſque auſſi bien que dans le tems où leurs Tables ont été conſtruites.

L'époque de ces Tables eſt fixée au lever du ſoleil le 10 Mars 1491 (1).

Les Tables communiquées par le P. Patouillet, nous ont paru appartenir à Maſulipatnam, ou à une ville voiſine nommée Narſapur. C'eſt pourquoi nous les avons déſignées ſous cette dernière dénomination (2). Ces Tables ont beaucoup de reſſemblance avec celles de Siam; elles procedent auſſi par des périodes de 800 années, qui renferment 292207 jours. Mais on calcule directement le mouvement de la lune, ſans égard au mouvement du ſoleil, & en ſuppoſant qu'elle fait 800 révolutions en 21857 jours (3). Les Brames ayant ſans doute reconnu que ces révolutions ſont ſuſceptibles de quelque erreur, ont imaginé une période par laquelle ils renouvellent leur époque tous les 87 ans (4). Ils ont remarqué que dans cet intervalle de tems ou dans 31774 jours & demi, le ſoleil & la lune reviennent à peu près au même point du zodiaque mobile, c'eſt-à-dire, le ſoleil à trois degrés, & la lune à huit degrés près. Tous les 87 ans ils font donc ce changement aux longitudes de leurs

(1) *Infrà*, p. 42.

(2) *Infrà*, p. 49.

(3) *Infrà*, p. 56.

(4) *Infrà*, p. 74.

Tables, & ils renouvellent ainſi leur époque. Nous en avons reconnu en effet deux dans ces Tables : l'une au minuit entre le 17 & le 18 Mars de l'an 1569 ; l'autre au midi du 14 Mars julien de l'an 1656 (1).

Une ſingularité très-remarquable de ces Tables, eſt qu'elles ſemblent donner à la lune une inégalité annuelle, ſemblable à celle que Tycho a découverte ; inégalité qui a été inconnue à l'Ecole d'Alexandrie, & aux Arabes qui ont ſuccédé à cette Ecole. L'équation indienne n'eſt conforme à la nôtre, ni pour la quantité, ni même pour le ſigne ; les Indiens retranchent quand nous ajoutons (2). Ces différences peuvent s'expliquer. Il eſt facile que des ignorans ſe ſoient mépris de ſigne ſans s'en appercevoir, dans les copies multipliées des Tables. Les Brames n'ayant pas les mêmes reſſources que nous pour la préciſion des obſervations, ont pu ſe tromper encore ſur la quantité ; mais ces différences n'empêchent pas qu'il ne ſoit très-extraordinaire que les Indiens aient pour la lune une inégalité annuelle comme la nôtre, & proportionnelle, comme la nôtre, à l'inégalité même du ſoleil.

Les Tables que M. le Gentil a rapportées de l'Inde & des environs de Pondichery & de Tirvalour, ſont d'une forme entiérement différente des trois autres. Cette forme mérite d'être détaillée. L'année ſolaire eſt partagée en 12 mois inégaux ; ces mois ſont le tems que le ſoleil demeure dans

(1) *Infrà*, p. 66 & 73. (2) *Infrà*, p. 61.

chaque ſigne de l'écliptique (1). On voit par conſéquent que les Brames ne s'embarraſſent point ici de l'inégalité du mouvement de cet aſtre ; au premier inſtant de l'année, il eſt réellement au point de l'origine du zodiaque, & à chaque inſtant de l'année répond une longitude vraie du ſoleil. Lorſque les Brames veulent calculer ſa poſition, ils partent de leur époque, celle de l'âge caliougam, fixée à l'an 3102 avant notre ère, & multiplient le nombre des années écoulées par $365^{j}\ 6^{h}\ 12'\ 30''$, durée de chaque année (2). De cette ſomme ils ôtent $2^{j}\ 3^{h}\ 32'\ 30''$, parce que leur époque aſtronomique eſt placée plus tard que leur époque civile. Ce calcul leur ſert à déterminer quel eſt le jour de la ſemaine où eſt tombé le premier jour de l'année courante, & à quelle heure cette année a commencé. Au moyen de la durée donnée de chaque mois, ils déterminent de même le premier jour du mois courant ; alors ils ſavent combien de mois de l'année, combien de jours, d'heures, de minutes, de ſecondes du mois courant ſe ſont écoulés. Leur longitude eſt déjà calculée ; les mois ſont des ſignes, les jours des degrés, les minutes & les ſecondes d'heure, des minutes & des ſecondes de degré. Ce calcul ſuppoſe que les mois ſoient de 30 jours, & que le ſoleil faſſe un degré par jour. Un degré par jour fait réellement une minute par heure, parce qu'ils diviſent le jour en 60 heures. L'erreur ſe réduit donc au mouvement regardé comme uniforme dans le cours du

(1) *Infrà*, p. 78.

(2) *Infrà*, p. 79.

mois ; & ils ont une petite Table pour corriger cette fausse supposition, à raison de l'inégalité du mouvement solaire dans chaque mois.

La longitude de la lune n'est pas plus difficile à déterminer. Ils viennent de calculer le tems écoulé depuis leur époque, jusqu'au moment où ils veulent avoir le lieu de la lune. Ils ont quatre périodes de jours avec les mouvemens correspondans : ils divisent le tems écoulé par la plus grande, & ils ont un reste ; ils divisent ce reste par la seconde, la troisième & la quatrième ; ils voyent combien de fois ces différentes périodes y sont contenues, & ils prennent autant de fois les mouvemens correspondans. Si la division est sans reste, cette somme donne le lieu de la lune qui est apogée. S'il y a un nombre de jours de reste, ils ont une Table qui détaille jour par jour le mouvement de la lune dans la plus petite de leurs périodes, celle de 248 jours, pendant laquelle la lune fait neuf révolutions à l'égard de son apogée ; & cette Table analogue à celle du soleil, offre le mouvement vrai, qui ajouté aux sommes déjà trouvées, donne la longitude vraie de la lune dans l'écliptique. On ne peut rien inventer de plus facile & de plus commode que cette forme de calcul (1) ; elle semble avoir été imaginée en faveur de l'ignorance. Cette forme est en même tems assez exacte pour le tems des éclipses ; & les Indiens ne calculent jamais que dans cette circonstance. La prédiction des éclipses est le seul

(1) *Infrà*, p. 84.

phénomène qui les intéresse, parce qu'il est lié à la religion & à leurs fables superstitieuses. Ils n'ont aucune connoissance de l'équation de 2° 40′ découverte par Ptolémée, & qui a lieu dans les quadratures; équation qui a passé de l'Almageste dans les Tables modernes de l'Asie, où les Arabes, les Perses & les Tartares ont imité Ptolémée. C'est déjà une forte preuve que les Indiens n'ont point eu connoissance de l'Astronomie d'Alexandrie : c'est une raison de croire qu'ils n'ont été guidés par personne, & qu'instruits seulement par le ciel, ils ont observé le soleil & la lune dans leurs conjonctions & dans leurs oppositions, au tems de leurs éclipses; & se sont peu inquiétés des phénomènes de la lune dans d'autres aspects. S'ils avoient suivi cette planète dans les quadratures, ils auroient apperçu l'équation de 2° 40′, infiniment plus sensible que l'équation annuelle dont ils ont tenu compte. Mais s'ils se sont bornés à la prédiction des éclipses, on est forcé de reconnoître qu'une longue suite de travaux & d'anciennes observations les ont mis à portée d'atteindre à une certaine précision. M. le Gentil a comparé leurs calculs de deux éclipses de lune à l'observation, & il n'a trouvé sur le moment de l'une & de l'autre qu'environ 22′ d'erreur (1). Nous ne parlons point dans cet ouvrage des méthodes des Brames pour déterminer les diamètres du soleil & de la lune, la parallaxe de la lune, le commencement, le milieu, la fin & les différens phénomènes

(1) Mém. Acad. Sc. 1772, Part. II, p. 244, 248.

des éclipſes. M. le Gentil ſe propoſe de donner l'explication de cette partie de leurs procédés.

C'eſt ſans doute une choſe aſſez ſingulière que de trouver chez un peuple tel que les Indiens quatre Tables aſtronomiques qui ont toutes des formes différentes & des méthodes variées ; mais ce qui eſt non moins ſingulier, c'eſt qu'elles ont entr'elles une correſpondance, qui démontre qu'elles appartiennent toutes à une même ſcience, dont on a ſeulement diverſifié les procédés.

1°. Il y a une grande conformité dans toutes ces Tables ; c'eſt partout le même mouvement du ſoleil, la même durée de l'année, la même inégalité du mouvement de cet aſtre. La théorie du ſoleil a donc ſervi de baſe, & elle étoit déjà établie lorſque les Tables ont été conſtruites. Le mouvement de la lune ne préſente pas la même conformité. Nous avons eu occaſion d'en reconnoître trois différens, mais ces mouvemens, établis ſucceſſivement ſans doute, paroiſſent dûs à des progrès ; & ce qui eſt très-remarquable, c'eſt que les corrections ont toujours pour objet de rendre le mouvement plus rapide (1), de manière qu'on pourroit croire que dans l'Inde les obſervations ſucceſſives ont fait appercevoir, ou du moins ont exigé une accélération dans le mouvement de la lune.

2°. Les Tables de Narſapur reſſemblent beaucoup, par la forme & par les méthodes qu'elles employent, à celles

(1) *Infrà*, p. 216.

de

de Siam. Elles ont des réductions pour se conformer au mouvement des Tables de Chrisnabouram ; celles-ci ont d'autres réductions pour se rapprocher des Tables de Tirvalour (1). Les auteurs de ces Tables les avoient donc toutes sous les yeux, ou plutôt ces différentes Tables sont des copies dérivées d'un seul original, qui est la source de ces ressemblances. Tous ceux qui ont été dans l'Inde, ou qui ont consulté les ouvrages faits sur ce pays, ont parlé de cet original. M. Baïer dit que les Brames au-dessus de Madras ont un calendrier nommé *sitta manda*, & que ceux du midi en ont un autre nommé *wakkia* (2). M. le Gentil avertit que la méthode qu'il a rapportée, s'appelle dans l'Inde *vaquiam*, c'est-à-dire, nouvelle; & qu'à Bénarès les Brames en employent une autre nommée *siddantam*, ce qui signifie ancienne (3). Le P. du Champ déclare également qu'il y a chez les Indiens une méthode nommée *souria siddantam*, qui a servi de règle. Cette règle a été entendue autrefois, mais aujourd'hui personne ne l'entend plus (4). L'Astronomie *siddantam*, cette Astronomie, qui existe à Bénarès, qui a servi de règle & qu'on n'entend plus, paroît donc être l'Astronomie originale & primitive de l'Inde, sur laquelle ces différentes Tables ont été construites.

3°. Les Tables de Siam supposent une réduction de méridiens de 1h 13′, ou de 18° 15′ à l'ouest de Siam ; ce qui

(1) *Infrà*, p. 46 & 57.

(2) Baïer, Extraits de M. de Lisle.

(3) Mém. Ac. Sc. 1772, p. II, p. 221.

(4) *Infrà*, p. 317.

fait voir qu'elles ont d'abord été établies pour le méridien de Bénarès (1). Les Tables de Narſapur & de Chriſnabouram ſont rappelées également à un méridien peu diſtant de celui de Bénarès. Les Tables de Tirvalour n'ont aucune réduction. Nous avons cru pouvoir déterminer ce méridien primitif, & le placer 77° 17′, ou 5ʰ 9′ à l'orient de Paris (2). C'eſt préciſément la longitude de Tirvalour (3).

4°. Les époques de ces différentes Tables ſont liées par les moyens mouvemens, de manière que l'on peut les retrouver toutes en partant de l'une de ces époques, & en employant les moyens mouvemens des Tables de Chriſnabouram. Il eſt démontré par là que les Indiens n'ont qu'une ſeule époque, dont toutes les autres ont été dérivées par le calcul (4); & on peut en conclure qu'une même Aſtronomie a réglé les mouvemens, les époques, & fondé les différentes Tables dont nous venons de décrire les formes variées. Remarquons que l'on paſſe d'une de ces époques à l'autre ſans aucune réduction de méridien; ce qui montre que toutes ces Tables ont été dreſſées pour le méridien primitif. Ce méridien paſſe à Ceilan, ſur le banc de Ramanancor, comme le diſent les Indiens (5), par Tirvalour. Il paſſe enſuite 3° à l'oueſt de Bénarès, & on peut le

---

(1) *Infrà*, p. 12.

(2) *Infrà*, p. 106.

(3) M. le Gentil, Mém. de l'Acad. des Sciences 1772, Part. II, p. 244.

(4) *Infrà*, p. 99, 102.

(5) *Infrà*, p. 319, 327.

ſuivre juſqu'au lac *Lanka*, près des ſources du Gange, où nous croyons que les Brames ont eu jadis un établiſſement (1). Ces Tables ont été portées à Bénarès; & c'eſt de cette ville, de cette Ecole célebre des Brames qu'elles ſont ſorties pour ſe répandre dans les deux preſqu'îles de l'Inde.

Puiſque toutes ces Tables n'ont qu'une ſeule époque, c'eſt une choſe curieuſe & importante, de découvrir quelle eſt celle qui a ſervi à fonder toutes les autres. Il eſt curieux de décider ſi c'eſt d'une époque moderne qu'on eſt remonté à la plus ancienne; ou ſi c'eſt au contraire de l'époque la plus ancienne qu'on eſt deſcendu à des époques modernes, & plus près du tems où nous ſommes, pour épargner le calcul des moyens mouvemens dans un trop long intervalle. Il eſt important de connoître cette époque, parce qu'elle eſt ſans doute fondée ſur une obſervation.

Nous exclurons d'abord de cette recherche les époques de 1569, de 1656, qui appartiennent aux Tables de Narſapur, parce que ces Tables ſont réglées ſur les Tables de Chriſnabouram. Ces dernières Tables étant plus anciennes, ont dû avoir une époque avant les autres. Nous ne conſidérerons donc que l'époque de ces Tables, l'an 1491 de notre ère; & celle des Tables de Tirvalour, l'an 3102 avant Jéſus-Chriſt. La première idée qui ſe préſente, c'eſt de

(1) *Infrà*, p. 313.

croire que l'époque de 1491, placée aſſez près du tems d'Ulug-beg, qui mourut en 1449, peut avoir été empruntée des obſervations, faites ſous le règne & par les ordres de ce prince célebre dans les faſtes de l'Aſtronomie. Ceux qui aiment à penſer que tout eſt moderne dans l'Inde, imagineront que ces Tables indiennes ont été fondées ſur celles que nous devons au petit-fils de Tamerlan. Cette queſtion des ſecours que les Indiens ont pu trouver chez leurs voiſins & chez leurs prédéceſſeurs, mérite d'être diſcutée

Les Aſtronômes qui ont précédé l'époque de 1491, ſont d'abord les Grecs d'Alexandrie; Hypparque a fleuri 125 ans avant notre ère, & Ptolémée 260 ans après Hypparque. Ce ſont enſuite les Arabes qui ont cultivé de nouveau l'Aſtronomie dans le IX ſiècle. Les Perſans & les Tartares ont ſuccédé, & nous leur devons les Tables de Naſſireddin en 1269, & celles d'Ulug-beg en 1437. Voilà quelle a été la ſucceſſion connue des choſes en Aſie avant l'époque indienne de 1491. Or, cela poſé, qu'eſt-ce qu'une époque? C'eſt l'obſervation de la longitude d'un aſtre pour un tems déterminé, le lieu du ciel où il a été vu, & qui ſert de point fixe, de point de départ pour calculer, au moyen du mouvement obſervé, ſon lieu dans le ciel, tant pour le paſſé que pour l'avenir. Une époque n'eſt d'aucun uſage quand le mouvement n'a pas été déterminé. Un peuple nouveau dans la ſcience, un peuple obligé d'emprunter une Aſtronomie étrangère, n'eſt pas embarraſſé d'établir une époque, il lui ſuffit d'une obſervation qu'il peut faire à chaque inſtant. Ce qui lui eſt néceſſaire, ce qu'il a beſoin d'emprunter, ce ſont les élémens qui dépendent d'une détermination délicate, & qui exigent des recherches ſuivies ; ce ſont ſur-tout les mouvemens qui dépendent du tems, & qu'on ne connoît avec préciſion que par des ſiècles d'obſervation. Il faut donc qu'il demande, avant tout, ces mouvemens aux peuples qui ont fait les obſervations, & qui ont derrière eux des ſiècles de travaux. Concluons qu'un peuple nouveau n'empruntera pas les époques d'un peuple ancien, ſans emprunter ſes moyens mouvemens (1). En partant de ce principe, on ne trouve point que les époques indiennes de 1491 & de l'an 3102 aient pu être déduites des époques ni de Ptolémée ni d'Ulug-beg (2).

Il reſte à ſuppoſer que les Indiens, comparant leurs obſervations en 1491 aux obſervations faites antérieurement par Ulug-beg & par Ptolémée, ſe ſoient ſervis des intervalles de ces obſervations pour déterminer les moyens mouvemens. Les tems d'Ulug-beg étoient trop proches pour une pareille détermination ; ceux de Ptolémée & d'Hypparque étoient à peine à une diſtance ſuffiſante. Mais ſi les mouvemens indiens avoient été déterminés par ces comparaiſons, les époques ſeroient enchainées. En partant des époques d'Ulug-beg & de Ptolémée, on retrouveroit toutes les époques des Indiens. Les époques étrangères ont donc été inconnues ou inutiles

(1) *Infrà*, p. 114.

(2) *Infrà*, p. 115 & 117.

aux Indiens (1). Nous ajouterons encore une considération importante ; c'est que lorsqu'un peuple est obligé de prendre chez ses voisins les méthodes ou les moyens mouvemens de ses Tables astronomiques, il a bien plus besoin de leur emprunter & la connoissance des inégalités du mouvement, & le mouvement de l'apogée, des nœuds, & l'obliquité de l'écliptique ; enfin tous les élémens dont la détermination exacte suppose l'art d'observer, un appareil quelconque d'instrumens & beaucoup d'industrie. Tous ces élémens de la science, plus ou moins différens chez les Grecs d'Alexandrie, les Arabes, les Perses, les Tartares n'ont aucune ressemblance avec ceux des indiens (2). Les Indiens n'ont donc rien emprunté de leurs voisins.

Si les Indiens n'ont point emprunté leur époque, il faut qu'ils en aient une réelle, fondée sur leurs propres observations ; ce ne peut être que l'époque de l'an 1491, ou celle de l'an 3102 avant notre ère, & qui précède de 4592 ans l'époque de 1491. Il s'agit de choisir entre ces deux époques, & de décider laquelle est fondée sur une observation. Mais avant d'exposer les raisons qui peuvent & doivent résoudre le problême, qu'il nous soit permis de proposer quelques réflexions à ceux qui seroient tentés de croire que ce sont des observations & des calculs modernes qui ont fait établir aux Indiens l'état passé du ciel. Ce n'est pas une chose aisée que de connoître les mouvemens célestes

(1) *Infrà*, p. 121.

(2) *Infrà*, p. 154.

avec aſſez de préciſion pour remonter dans les tems à une diſtance de 4592 ans, & pour décrire les phénomènes qui ont dû arriver à cette époque.

Nous avons aujourd'hui d'excellens inſtrumens, nous faiſons depuis deux ou trois ſiècles des obſervations exactes, qui ſuffiſent déjà pour nous faire connoître aſſez bien les moyens mouvemens des planètes; nous avons les obſervations des Chaldéens, d'Hypparque & de Ptolémée, qui par leur éloignement des tems où nous ſommes, c'eſt-à-dire, par vingt-cinq ſiècles écoulés, permettent de déterminer ces mouvemens avec plus de préciſion. Cependant nous ne pouvons répondre de repréſenter toujours fidellement les obſervations dans ce grand intervalle depuis les Chaldéens juſqu'à nous; nous pouvons encore moins répondre de retrouver avec exactitude les phénomènes arrivés 4592 ans avant nous. Caſſini & Maïer ont établi l'un & l'autre le mouvement ſéculaire de la lune, & ils diffèrent de 3′ 43″. Cette différence produiroit en quarante-ſix ſiècles, ſur le lieu de la lune, une incertitude de près de trois degrés. Sans doute un de ces deux mouvemens eſt plus exact que l'autre; c'eſt aux obſervations très-anciennes à le décider. Mais dans les tems éloignés, où les obſervations manquent, il réſulte de cette différence que nous ſommes incertains des phénomènes. Comment donc auroient fait les Indiens, s'ils étoient modernes dans l'Aſtronomie, pour remonter de l'an 1491 à l'an 3102 avant notre ère?

Les Orientaux n'ont jamais été ce que nous ſommes. Quelque bonne opinion que l'examen de leur Aſtronomie puiſſe donner de leur ſavoir, on ne peut ſuppoſer qu'ils aient eu jamais ni ce grand appareil d'inſtrumens qui diſtingue nos obſervatoires modernes, & qui eſt le produit des progrès ſimultanés de pluſieurs arts, ni ce génie des découvertes, qui a paru appartenir juſqu'ici à l'Europe ſeule, & qui ſuppléant au tems, fait faire des progrès rapides aux ſciences & à l'eſprit humain. Si les Aſiatiques ont été puiſſans, ſavans & ſages, la force & le tems ont fait leur mérite & leurs ſuccès dans tous les genres. La force a fondé ou détruit des empires ; tantôt elle a élevé des édifices impoſans par leur maſſe, tantôt elle en a fait des ruines reſpectables ; & tandis que ces grandes viciſſitudes s'opéroient, la patience accumuloit lentement des connoiſſances, & une longue expérience produiſoit la ſageſſe. C'eſt la vieilleſſe des nations orientales qui a fait leur gloire dans les ſciences.

Si les Indiens avoient en 1491 une connoiſſance aſſez exacte des mouvemens céleſtes pour remonter à un intervalle de 4592 ans, ils ne pouvoient tenir cette connoiſſance que des anciennes obſervations. Leur accorder cette connoiſſance, & leur refuſer les obſervations antiques, c'eſt ſuppoſer l'impoſſible ; c'eſt vouloir qu'en entrant dans la carrière, ils aient cueilli les fruits du tems & de l'expérience; au lieu que ſi leur époque de l'an 3102 eſt regardée comme réelle, on voit que, partis de cette époque, les Indiens ſont

ſont deſcendus juſqu'à l'an 1491 de notre ère avec les ſiècles mêmes : c'eſt le tems qui les a ſucceſſivement inſtruits ; ils ont bien connu les mouvemens céleſtes dans ces intervalles, parce qu'ils les ont vus ; & la durée de ce peuple ſur la terre, eſt la raiſon de la fidélité de ſes récits & de l'exactitude de ſes calculs.

La queſtion de ſavoir quelle eſt l'époque réelle entre les époques de l'an 3102 & celle de l'an 1491, ſemble devoir être réſolue par une ſeule conſidération, c'eſt que les anciens en général, & les Indiens en particulier, comme on le voit par la diſpoſition de leurs Tables, n'ont jamais calculé, & par conſéquent obſervé que les éclipſes. Or il ne ſe trouve point d'éclipſe de ſoleil au moment de l'époque de 1491 ; & il n'y a point eu d'éclipſe de lune ni quinze jours avant, ni quinze jours après (1). L'époque de l'an 1491 n'eſt donc point fondée ſur une obſervation. Quant à celle de l'an 3102, les Brames de Tirvalour la placent au moment du lever du ſoleil, le 18 Février (2). Le ſoleil étoit alors au premier point du zodiaque par ſa longitude vraie (3). Les autres Tables nous font reconnoître qu'au minuit précédent la lune étoit au même point, mais par ſa longitude moyenne (4). Les Brames nous apprennent en même tems que ce premier point, l'origine de leur zodiaque, étoit l'an 3102 moins avancé de 54° que l'équinoxe. Il en

(1) *Infrà*, p. 109.
(2) *Infrà*, p. 110.
(3) *Infrà*, p. 83.
(4) *Infrà*, p. 89.

résulte que cette origine étoit alors au sixième degré du Verseau (1).

Il y a donc eu vers ce tems, & dans ce point, une conjonction moyenne; les meilleures de nos Tables, savoir, celles de la Caille pour le soleil, & celles de Maïer pour la lune, donnent en effet cette conjonction (2). Il n'y a point eu alors d'éclipse de soleil, la lune étoit trop éloignée de son nœud; mais quinze jours après, la lune s'en étant rapprochée, a dû s'éclipser. Les Tables de Maïer, employées sans accélération, donnent cette éclipse; seulement elles la font arriver de jour; & le phénomène n'auroit pu être observé dans l'Inde. Les Tables de Cassini la font arriver la nuit; ce qui montre que le mouvement de Maïer est trop rapide pour les siècles éloignés, lorsqu'on ne tient pas compte de l'accélération; & ce qui prouve en même tems que malgré nos connoissances perfectionnées, nous pouvons être encore dans quelque incertitude sur l'état du ciel dans les tems passés (3).

Nous croyons donc qu'entre les deux époques indiennes, l'époque réelle est celle de l'an 3102, parce qu'elle est accompagnée d'une éclipse qui a pu être observée, & qui a dû servir à la déterminer. C'est une première preuve de la vérité des longitudes que les Indiens assignent pour cet instant au soleil & à la lune; & cette preuve suffiroit peut-être

(1) *Infrà*, p. 83.

(2) *Infrà*, p. 111.

(3) *Vide infrà* les pages 112 & 113.

ſi cette ancienne détermination, qui devient très-importante pour la vérification des mouvemens de ces deux aſtres, ne devoit pas être revêtue de toutes les preuves qui en conſtatent l'authenticité.

Nous remarquons 1°. que les Indiens ſemblent avoir réuni deux époques dans celle de l'an 3102. Les Brames de Tirvalour comptent d'abord du premier inſtant de l'âge caliougam; puis ils ont une ſeconde époque placée 2^{j} 3^{h} $32'$ $30''$ plus tard. Celle-ci eſt la véritable époque aſtronomique, l'autre paroît être une époque civile (1). Mais ſi cette époque du caliougam n'avoit rien de réel & n'étoit que le réſultat d'un calcul, pourquoi ſeroit-elle ainſi diviſée? Leur époque aſtronomique calculée ſeroit devenue celle du caliougam, qui auroit été placée dans la conjonction du ſoleil & de la lune, comme le ſont les époques des trois autres Tables. Il faut qu'ils aient eu une raiſon pour en diſtinguer deux; & cette raiſon ne peut appartenir qu'aux circonſtances des tems de cette époque: cette époque n'eſt donc pas un calcul. Ce n'eſt pas tout; en partant de l'époque ſolaire fixée au lever du ſoleil, c'eſt-à-dire, vers ſix heures du matin, le 18 Février de l'an 3102, & remontant de 2^{j} 3^{h} $32'$ $30''$, on arrivera à 2^{h} $27'$ $30''$ du matin le 16 Février (2). C'eſt le moment où commence l'âge caliougam. Il eſt ſingulier qu'on n'ait pas fait commencer cet âge à une des quatre grandes diviſions qui partagent le jour. On pourroit ſoup-

(1) *Infrà*, p. 82.

(2) *Infrà*, p. 116.

çonner que l'époque doit être à minuit, & que les $2^h\ 27'\ 30''$ sont une réduction de méridiens. Mais quelle que soit la cause de cette fixation, si l'époque étoit le résultat d'un calcul, il auroit été aussi facile de le conduire jusqu'à minuit, pour faire répondre l'époque à une des divisions principales de la journée, & non à un instant marqué par une fraction de jour.

2°. Les Indiens disent qu'à l'instant du caliougam il y a eu une conjonction de toutes les planètes; leurs Tables en effet indiquent cette conjonction, & les nôtres montrent qu'elle a pu réellement avoir lieu (1). Jupiter & Mercure étoient précisément dans le même degré de l'écliptique; Mars s'en éloignoit de huit degrés & Saturne de dix-sept. Il en résulte que vers ce tems ou environ quinze jours après le caliougam, & à mesure que le soleil s'avançoit dans le zodiaque, les Indiens ont vu quatre planètes se dégager successivement des rayons du soleil; d'abord Saturne, ensuite Mars, puis Jupiter & Mercure, & ces planètes se sont montrées réunies dans un assez petit espace. Quoique Vénus n'y parût pas, le goût du merveilleux y a fait placer une conjonction générale de toutes les planètes. Le témoignage des Brames est ici d'accord avec celui de nos Tables; & ce témoignage, qui résulte d'une tradition, doit être fondé sur une véritable observation.

3°. Remarquons que ce phénomène a été visible environ

---

(1) *Infrà*, p. 182.

quinze jours après l'époque, & précisément dans le tems où a dû être observée l'éclipse de lune qui a réglé cette époque. Ces deux observations se confirment donc mutuellement ; qui a fait l'une doit avoir fait l'autre.

4°. On peut croire encore que les Indiens ont fait dans le même tems une détermination du lieu du nœud de la lune ; leur calcul semble l'indiquer. Ils donnent la longitude de ce point de l'orbite lunaire pour le tems de leur époque, puis ils y ajoutent une quantité constante de 40′, qui est le mouvement du nœud en 12^{j} 14^{h} (1). C'est comme s'ils déclaroient que cette détermination a été faite treize jours après leur époque, & que pour qu'elle réponde à leur époque même, il faut y ajouter 40′ dont le nœud a rétrogradé dans l'intervalle. Cette observation est donc encore de la même date que celle de leur éclipse de lune ; & voilà trois observations qui se rendent mutuellement témoignage.

5°. Il résulte de la description que M. le Gentil nous a donnée du zodiaque indien, que l'on peut y déterminer les lieux des étoiles nommées l'Œil du Taureau & l'Epi de la Vierge pour le commencement de l'âge caliougam. Or, en comparant ces positions aux positions actuelles, réduites par notre précession des équinoxes au tems de l'époque, on voit que l'origine du zodiaque indien devoit être entre le cinquième & le sixième degré du Verseau (2). Les Brames ont donc raison de la placer au sixième degré de ce signe ;

(1) *Infrà*, p. 92.

(2) *Infrà*, p. 129, 132.

d'autant que la différence assez petite peut appartenir au mouvement propre & inconnu de ces étoiles. C'est donc encore une observation qui a guidé les Indiens dans cette détermination assez exacte du premier point de leur zodiaque mobile.

Qu'il y ait des observations de cette date dans l'antiquité, c'est ce dont il ne semble pas possible de douter. Les Perses disent que quatre belles étoiles ont été établies pour garder les quatre coins du monde. Or il se rencontre qu'au tems du commencement de l'âge caliougam, 3000 ou 3100 ans avant notre ère, l'Œil du Taureau & le Cœur du Scorpion étoient précisément dans les équinoxes, le Cœur du Lion & le Poisson austral assez près des solstices (1). Une observation du lever des Pleïades le soir, sept jours avant l'équinoxe d'automne, appartient encore à l'an 3000 avant notre ère (2). Cette observation & celles de la même espèce, qui ont été recueillies dans les calendriers de Ptolémée, sans qu'il en ait nommé les auteurs, ces observations, qui sont plus anciennes que celles des Chaldéens, pourroient bien être l'ouvrage des Indiens. Ils connoissent parfaitement la constellation des Pléïades, & tandis que nous la nommons vulgairement la *Poussinière*, ils la nomment *Pillalou-codi*, les petits & la poule (3). Ce nom a donc passé de peuple en peuple, & nous vient des plus anciennes nations de l'Asie. On

(1) *Infrà*, p. 133.

(2) *Infrà*, p. 134.

(3) Tables du P. du Champ, *infrà*, p. 328.

reconnoît que les Indiens ont dû obſerver le lever des Pleïades, & s'en ſervir pour régler leurs années & leurs mois ; car cette conſtellation eſt auſſi nommée chez eux *Cartiguey*. Or ils ont un mois qui porte le même nom ; & cette conformité n'a pu avoir lieu que parce que le tems de ce mois étoit annoncé par le lever ou le coucher de la conſtellation (1).

Mais ce qui eſt plus déciſif pour montrer que les Indiens ont obſervé les étoiles, & de la même manière que nous, en déſignant leur poſition par leur longitude, c'eſt qu'Auguſtin Riccius rapporte que, ſuivant des obſervations attribuées à Hermès & faites 1985 ans avant Ptolémée, l'étoile brillante de la Lyre & celle du Cœur de l'Hydre étoient plus avancées chacune de ſept degrés qu'au tems de cet Aſtronôme. Cette détermination paroît fort extraordinaire. Les étoiles avancent conſtamment à l'égard de l'équinoxe ; Ptolémée devoit trouver les longitudes plus grandes de 28 degrés qu'elles ne l'étoient 1985 ans avant lui. Il y avoit même dans ce fait une circonſtance ſingulière : on retrouvoit la même erreur ou la même différence ſur le lieu des deux étoiles ; cette différence appartenoit donc à une cauſe qui les affectoit toutes deux également. C'eſt pour expliquer cette ſingularité, que l'Arabe Thebith imagina que les étoiles avoient un mouvement d'oſcillation, qui les faiſoit tantôt avancer & tantôt reculer. Cette hypothèſe a été facilement détruite ; mais les obſervations attribuées à Hermès reſtoient ſans explication. Cette explication ſe rencontre

(1) *Infrà*, p. 134.

dans l'Astronomie indienne. Au tems marqué de ces observations, 1985 ans avant Ptolémée, l'origine du zodiaque indien précédoit l'équinoxe de 35 degrés; les longitudes qui y étoient comptées, étoient donc de 35 degrés plus avancées que celles qui sont comptées de l'équinoxe. Mais après 1985 ans écoulés, les étoiles ayant avancé de 28 degrés, il ne se trouve plus que 7 degrés de différence entre les longitudes de Ptolémée & celles d'Hermès, & la différence est la même pour les deux étoiles, parce qu'elle appartient à la différence des origines du zodiaque indien & du zodiaque de Ptolémée qui commence à l'équinoxe (1). Cette explication est si simple & si naturelle, qu'elle ne peut manquer d'être vraie. Nous ignorons si l'Hermès, célebre dans l'antiquité, a été Indien, mais nous voyons que les observations, qui lui sont attribuées, sont notées à la manière indienne; nous en concluons que ce sont des Indiens qui les ont faites: ils ont par conséquent pu faire toutes les observations que nous venons de détailler & que leurs Tables nous ont fait connoître.

6°. L'observation de l'an 3102 qui paroît avoir fondé l'époque, n'a pas été difficile à faire. On apperçoit que les Indiens, lorsqu'ils ont connu le mouvement journalier de la lune de 13° 10′ 35″, s'en sont servis pour diviser le zodiaque en 27 constellations, relativement à la lune qui employe environ 27 jours à le parcourir (2).

C'est par ce moyen qu'ils ont déterminé le lieu des étoiles

(1) *Infrà*, p. 136.

(2) Mémoires de l'Académie des Sciences 1772, Part. II, page 196. *Infrà*, p. 254.

dans

dans ce zodiaque; c'eſt ainſi qu'ils ont trouvé que la Claire de la Lyre étoit dans $8^s\ 24^o$, le Cœur de l'Hydre dans $4^s\ 7^o$: longitudes attribuées à Hermès, mais qui ſont comptées dans le zodiaque indien. C'eſt ainſi qu'ils ont encore reconnu que l'Epi de la Vierge faiſoit le commencement de leur quinzième conſtellation, & l'Œil du Taureau la fin de la quatrième; ces étoiles étant, l'une dans $6^s\ 6^o\ 40'$, & l'autre dans $1^s\ 23^o\ 20'$ du zodiaque indien (1). Cela poſé, l'éclipſe de lune arrivée quinze jours après l'époque caliougam, a eu lieu dans un point placé entre l'Epi de la Vierge & l'étoile θ de la même conſtellation. Ces étoiles ſont éloignées aſſez préciſément de l'intervalle d'une conſtellation; l'une commence la quinzième, l'autre la ſeizième. Il n'a donc pas été difficile de déterminer le lieu de la lune, en meſurant ſa diſtance à l'une de ces deux étoiles (2); on a conclu le lieu du ſoleil qui eſt oppoſé: & puis par la connoiſſance des moyens mouvemens, on a calculé que la lune avoit été au point de l'origine de ce zodiaque par ſa longitude moyenne au minuit entre le 17 & le 18 Février de l'an 3102 avant notre ère, & que le ſoleil s'y étoit trouvé ſix heures après par ſa longitude vraie; circonſtance qui fixe le commencement de l'année indienne.

7°. Les Indiens établiſſent que l'an 20400 avant l'âge caliougam, l'origine de leur zodiaque répondoit à l'équinoxe du printems, & que le ſoleil & la lune y étoient en conjonction (3).

(1) *Infrà*, p. 130, 132.

(2) *Infrà*, p. 139.

(3) M. le Gentil, Mém. Acad. Scien 1772, P. II, p. 196.

Il eſt bien viſible que cette époque eſt fictive ; mais on peut chercher de quel point, de quelle époque les Indiens ſont partis pour l'établir. Si l'on prend la révolution indienne du ſoleil $365^{j}\ 6^{h}\ 12'\ 30''$, & celle de la lune $27^{j}\ 7^{h}\ 43'\ 13''$.

20400 révolutions du ſoleil font $7451277^{j}\ 2^{h}$.
272724 révolutions de la lune. . . 7451277 7 (1).

Voilà ce qu'on trouve en partant de l'époque du caliougam ; & l'aſſertion des Indiens, qu'il y a eu alors une conjonction, eſt en effet fondée ſur leurs Tables ; mais ſi, en employant les mêmes élémens, on part des époques de l'an 1491, ou d'une autre placée en 1282, dont nous parlerons dans la ſuite, on trouvera preſque un ou deux jours de différence. Il eſt naturel & juſte, en vérifiant le calcul des Indiens, de prendre ceux de leurs élémens qui donnent le même réſultat que le leur, & de partir de celle de leurs époques qui fait retrouver l'époque fictive. Or, comme pour établir ce calcul, ils ont dû partir de leur époque réelle, de celle qui étoit fondée ſur une obſervation, & non pas de celles qui en ont été dérivées par le calcul même, il s'enſuit que leur époque réelle eſt celle de l'an 3102 avant notre ère.

8°. Les Brames de Tirvalour nous donnent le mouvement de la lune de $7^{s}\ 2^{\circ}\ 0'\ 7''$ dans le zodiaque mobile, ou de $9^{s}\ 7^{\circ}\ 45'\ 1''$ relativement à l'équinoxe dans un grand intervalle de 1600984 jours ou de 4383 ans 94 jours. Nous

(1) *Infrà*, p. 212.

croyons que ce mouvement a été déterminé par obſervation. Nous dirons d'abord que cet intervalle a une étendue qui le rend peu commode pour l'uſage & le calcul des moyens mouvemens.

Les Indiens employent dans leurs calculs aſtronomiques des intervalles de 248, 3031, 12372 jours; mais indépendamment de ce que ces intervalles, beaucoup plus courts, n'ont pas l'incommodité du premier, c'eſt qu'ils renferment un nombre complet de révolutions de la lune à l'égard de ſon apogée. Ce ſont réellement des moyens mouvemens. Le grand intervalle de 1600984 jours n'eſt point une ſomme de révolutions accumulées (1); il n'y a point de raiſon pour qu'il embraſſe plutôt 1600984 que 1600985 jours. Il ſemble que l'obſervation ſeule doit avoir décidé du nombre de jours, & en avoir marqué le commencement & la fin. Cet intervalle finit le 21 Mai de l'an 1282 de notre ère à $5^h\ 15'\ 30''$ à Bénarès. La lune étoit alors dans ſon apogée, ſuivant les Indiens, & avoit de longitude $7^s\ 13^\circ\ 45'\ 1''$

Maïer donne au même inſtant. . . .	7	13	53	48
& il place l'apogée	7	14	6	54 (2).

La détermination des Brames ne diffère donc que de huit à neuf minutes ſur le lieu de la lune, & de vingt-deux min. ſur celui de l'apogée; & il eſt bien évident qu'ils n'ont pu obtenir cet accord avec nos meilleures Tables & cette exac-

(1) *Infrà*, p. 127.

(2) *Infrà*, p. 127, 129.

titude dans le ciel que par obſervation. Si l'obſervation a en effet déterminé la fin de l'intervalle, il y a tout lieu de croire que c'eſt une ſemblable obſervation qui en a marqué le commencement. Mais alors ce mouvement, déterminé directement & pris dans la nature, doit avoir une grande conformité avec les vrais mouvemens céleſtes.

En effet le mouvement indien dans ce long intervalle de 4383 ans, ne diffère pas d'une minute de celui de Caſſini (1); il eſt également conforme à celui des Tables de Maïer (2). Ainſi deux peuples, les Indiens & les Européens, placés aux deux extrémités du monde, & par des inſtitutions peut-être auſſi éloignées dans le tems, ont obtenu préciſément les mêmes réſultats quant au mouvement de la lune, & une conformité qui ne feroit pas concevable, ſi elle n'étoit pas fondée ſur l'obſervation & ſur une imitation réciproque de la nature. Remarquons que les quatre Tables des Indiens ſont toutes les copies d'une même Aſtronomie. On ne peut nier que les Tables de Siam n'exiſtaſſent en 1687, dans le tems que M. de la Loubere les rapporta de l'Inde. A cette époque les Tables de Caſſini & de Maïer n'exiſtoient pas; les Indiens avoient déjà le mouvement exact que renferment ces Tables, & nous ne l'avions pas encore (3). Il faut donc

---

(1) *Infrà*, p. 125.

(2) *Infrà*, p. 145.

(3) Ceci répond aux Savans qui pourroient ſoupçonner que notre Aſtronomie a été portée dans l'Inde & communiquée aux Indiens par nos Miſſionnaires. 1°. L'Aſtronomie indienne a des formes qui lui ſont propres, des formes qui caractériſent l'originalité; ſi c'étoit notre Aſtronomie que l'on

convenir que l'exactitude de ce mouvement indien eſt le fruit de l'obſervation. Il eſt exact dans cette durée de 4383 ans, parce qu'il a été pris ſur le ciel même ; & ſi l'obſervation en a déterminé la fin, elle en a marqué également le commencement. C'eſt le plus long intervalle qui ait été obſervé & dont le ſouvenir ſe ſoit conſervé dans les faſtes de l'Aſtronomie. Il a ſon origine dans l'époque de 3102, & il eſt une preuve démonſtrative de la réalité de cette époque.

9°. Nous avons examiné les élémens de l'Aſtronomie indienne, nous les avons comparés aux nôtres qui peuvent

---

eût traduite, il auroit fallu beaucoup d'art & de ſcience pour déguiſer ainſi le larcin. 2°. En adoptant le moyen mouvement de la lune, on auroit adopté également l'obliquité de l'écliptique, l'équation du centre du ſoleil, la durée de l'année ; ces élémens diffèrent abſolument des nôtres, ils ſont ſingulièrement exacts lorſqu'ils appartiennent à l'époque de l'an 3102 ; ils ſeroient très-erronés s'ils avoient été établis dans le ſiècle dernier. 3°. enfin nos Miſſionnaires n'ont pu communiquer aux Indiens en 1687 le moyen mouvement de la lune des Tables de Caſſini qui n'exiſtoient pas alors, ils ne pouvoient connoître que les moyens mouvemens de Tycho, de Riccioli, de Copernic, de Bouillaud, Képler, Longomontanus, ou ceux des Tables d'Alphonſe. Je vais préſenter ici le tableau de ces moyens mouvemens pour 4383 ans & 94 jours. (Riccioli, Almag. I, p. 255).

TABLES	*Moy. mouv.*				*Dif. avec les Ind.*		
d'Alphonſe . . .	9ˢ	7°	2′	47″	—0°	42′	14″
Copernic	9	6	2	13	—1	42	48
Tycho	9	7	54	40	+0	9	39
Képler	9	6	57	35	—0	47	26
Longomontanus.	9	7	2	13	—0	42	48
Bouillaud	9	6	48	8	—0	58	53
Riccioli.	9	7	53	57	+0	8	56
Caſſini.	9	7	44	11	—0	0	50
Indiens	9	7	45	1			

On voit qu'aucun de ces moyens mouvemens, celui de Caſſini excepté, ne s'accorde avec le mouvement donné par les Indiens. On n'a donc point emprunté ces moyens mouvemens. Il n'y a de conformité qu'avec le mouvement de Caſſini, dont les Tables n'exiſtoient pas en 1687. Ce mouvement de la lune appartient donc aux Indiens, & ils n'ont pu l'obtenir que de l'obſervation.

nous faire apprécier leur exactitude, & il en a résulté quelque lumière sur l'authenticité de l'époque de l'an 3102. Ces déterminations s'éloignent plus ou moins de celles qui fondent notre Astronomie. Mais les différences ne doivent pas nous étonner, elles sont des titres d'ancienneté ; trop de conformité avec les élémens que nous observons aujourd'hui, seroit la preuve d'une détermination récente.

La nature est animée par des forces qui se combattent, par des agens qui tendent à se détruire. S'il y a un équilibre, elle s'en écarte, & n'y revient que par des oscillations; tout subsiste, tout dure dans l'ensemble, tout varie dans le détail ; voilà la loi de la nature. Les mouvemens célestes qui sont un des grands phénomènes de l'univers, leurs inégalités, les formes des orbites, les plans dans lesquels ces mouvemens s'exécutent, rien ne doit être exempt de cette loi. C'est à Newton & à ses disciples qu'il faut demander la suite de ces changemens. Tous les corps célestes qui composent notre système, sont enchaînés par la gravité ; mais cette loi enchaîne également le passé, le présent, l'avenir: la théorie de la gravitation détermine & les mouvemens qui s'opèrent sous nos yeux, & les variations passées & futures de ces mouvemens ; elle nous révèle ce qu'a été le ciel, & ce qu'il doit être un jour.

M. de la Grange, un des plus dignes successeurs de Newton, a calculé les variations qui résultent de l'action combinée de toutes les planètes les unes sur les autres ; & cela non pas dans un seul instant, ni pour un tems borné, mais dans une ſuite de momens qui forment autant de ſiècles qu'on voudra. Ses formules démontrent que l'équateur ſe rapproche de l'écliptique, que l'inégalité annuelle du ſoleil, ou l'équation du centre diminue, ainſi que la durée de l'année, & que la préceſſion des équinoxes eſt aujourd'hui plus grande qu'elle n'étoit autrefois (1). On a vu & on verra que l'aſtronomie des Brames eſt conforme en général à tous ces réſultats. L'inégalité du ſoleil eſt plus grande, la durée de l'année plus longue, l'équateur plus élevé ſur l'écliptique dans leur Aſtronomie que dans la nôtre. Mais ce n'eſt pas aſſez que l'eſpèce de ces changemens ſoit d'accord avec les loix de la nature & avec les phénomènes qui en ſont l'effet, il eſt eſſentiel de comparer la quantité de ces changemens aux réſultats de la théorie de la gravitation, qui ſemble être la loi univerſelle & le principe fondamental de la nature.

Nous commencerons par la durée de l'année ſolaire (2).

L'année ſolaire & ſidérale des Indiens eſt de	365^{j}	6^{h}	12$'$	30$''$
Nous en avons déduit l'année tropique de.	365	5	50	35
M. de la Caille l'établit de. . . .	365	5	48	49

La différence ou l'erreur eſt de 1$'$ 46$''$. Mais quoique cette erreur ne ſoit pas très-grande, les Indiens n'en ont pas commis la totalité, puiſque l'année n'a pas aujourd'hui

(1) *Infrà*, p. 143, 160, 163, 166. (2) *Infrà*, p. 159.

la même durée qu'elle avoit jadis. Il faut considérer que nous appelons année tropique le tems que le soleil parti de l'équinoxe du printems employe pour y revenir. Cet équinoxe rétrograde de $50'' \frac{1}{3}$ pendant ce tems, & s'avance ainsi au-devant du soleil; c'est pourquoi l'année tropique est d'environ vingt minutes plus courte que l'année sidérale. Mais indépendamment de toute autre variation, & en regardant le moyen mouvement du soleil comme invariable, si cette quantité $50'' \frac{1}{3}$ de la précession annuelle des équinoxes est variable, la durée de l'année qui en dépend sera assujettie à quelque variation. C'est un des objets qui a été calculé par M. de la Grange, ún des phénomènes sur la constance ou sur la variation desquels il a consulté la théorie de la gravitation. Il a renfermé la loi de ces changemens dans des formules générales, qui s'appliquent à un tems quelconque. Nous en avons déduit qu'au tems de l'époque indienne l'année devoit être plus longue que la nôtre de $44''$. L'année solaire étoit donc alors de $365^j\ 5^h\ 49'\ 33''$, & l'erreur des Indiens n'étoit que de $1'\ 2''$. Si l'on admet que le mouvement du soleil est susceptible de quelque altération, & qu'on croye devoir employer l'équation séculaire résultante d'une hypothèse de M. de la Place dont nous parlerons bientôt, cette équation produira encore $10''$ & les Indiens ne se seront éloignés que de $52''$, tandis que l'Astronôme Albategnius s'est trompé de $2'\ 25''$, & Hypparque de $6'\ 23''$ (1);

(1) *Infrà*, p. 161.

c'estc'eſt-à-dire que les Brames ont ſurpaſſé Albategnius, le meilleur des Aſtronômes Arabes, & Hypparque, qui eſt le plus célèbre des Aſtronômes d'Alexandrie, en même tems que le fondateur de notre Aſtronomie occidentale.

Mais il y a plus : ſi les Indiens ont eu cette connoiſſance de l'année au tems de leur époque, l'an 3102 avant notre ère, cette année année avoit déjà diminué. Cette année déterminée par des obſervations antérieures, a dû l'être dans un intervalle, & au moyen d'un nombre de révolutions proportionné à ſon exactitude ; elle étoit la durée moyenne des années de cet intervalle. Nous avons ſuppoſé cet intervalle de 2400 ans ; & nous avons calculé qu'elle devoit être la longueur de l'année, 2400 ans avant l'âge caliougam, en ſuppoſant que les variations de l'année ſolaire croiſſent comme les carrés des tems, & nous avons trouvé, à cette époque, c'eſt-à-dire 5502 ans avant notre ère, que l'année avoit dû être de 2′ 50″ plus grande que la nôtre ; elle étoit plus grande ſeulement de 52″ l'an 3102 ; elle a donc diminué de 1′ 58″ en 2400 ans ; & l'année moyenne entre toutes les années de cet intervalle de 2400 ans, celle qui répond au milieu, c'eſt-à-dire, à l'an 1200 avant l'âge caliougam, ou 4302 avant notre ère, a dû être de 1′ 51″ plus grande que la nôtre, ou de 365ʲ 5ʰ 50′ 40″ ; année qui ne diffère que de 5″ de celle que les Indiens ont fixée.

Il ſembleroit donc que ſi les Indiens ont commencé avec le caliougam l'uſage des années ſolaires, s'ils ont établi à cette époque une année ſidérale de 365ʲ 6ʰ 12′ 30″, ou tropique de $365^{j}\ 5^{h}\ 50'\ 35''$, cette année étoit le résultat des observations antérieures, la moyenne entre toutes les années d'un assez long intervalle, & répondoit à l'époque de l'an 4302 avant notre ère. Ceci est conforme au témoignage de Josephe ; il attribue aux anciens patriarches qui vivoient avant le déluge, l'invention de la période de 600 ans, & par conséquent la connoissance des révolutions célestes qui y sont renfermées (1).

L'équation indienne du centre du soleil, c'est-à-dire, la plus grande inégalité de son mouvement est de $2^{\circ}\ 10'\ 32''$.

Elle est, selon nous, de . . . . 1 55 32.

Les Indiens paroissent en erreur de 15 minutes sur cette détermination. On leur feroit tort cependant si on regardoit toute cette différence comme une erreur. L'équation du soleil n'est pas invariable ; elle change, & la théorie enseigne qu'elle diminue.

M. de la Grange a calculé cette diminution ; en appliquant ses formules au tems de l'époque indienne, nous avons trouvé que l'équation du centre, l'an 3102 avant notre ère, a dû être de $2^{\circ}\ 6'\ 28''$ (2). Les Indiens, sur cet élément très-délicat & difficile à déterminer, ne se sont donc trompés que de quatre minutes. Cette erreur est légère relativement aux moyens des Indiens pour une pareille détermination. Au tems de Ptolémée l'équation étoit assez précisément de deux degrés, & cet Astronôme qui, ainsi qu'Hypparque,

(1) Hist. Astron. anc. p. 309.

(2) *Infrà*, p. 162.

l'établit de 2° 23', se trompa de 23 minutes. Ces grandes erreurs des anciens Astronômes pour qui nous avons le plus d'estime, doivent nous faire admirer le travail & la sagacité des Indiens qui ont obtenu des résultats infiniment plus exacts.

Nous avons calculé ce que devoit être l'équation au tems de cette époque plus reculée de 1200 ans que l'âge caliougam, & placée, suivant notre supposition, l'an 4302 avant notre ère, nous avons trouvé que cette équation étoit plus grande de deux minutes; de manière que si les Indiens l'ont déterminée alors, ils n'ont été réellement en erreur que de deux minutes.

Aristarque, 280 ans avant notre ère, faisoit l'obliquité de l'écliptique de 24°; Eratosthènes, Hypparque, 150 ans environ avant cette même ère, la faisoient de 23° 51'. L'observation & la théorie nous enseignent également que l'équateur se rapproche de l'écliptique, & que l'angle de leur inclinaison diminue. M. de la Grange a calculé par sa théorie cet angle pour le tems d'Hypparque, & il l'a trouvé de 23° 44' plus petit de 7' ou de 16' qu'Hypparque & Aristarque ne l'avoient supposé. Les Indiens font aussi l'obliquité de l'écliptique de 24°; soit que ce nombre ait été pris comme nombre rond, soit qu'il appartienne à des tems plus reculés, & où l'obliquité, depuis long-tems décroissante, étoit plus grande. En consultant à cet égard l'excellente théorie de M. de la Grange, nous avons vu que l'an 3102 avant notre ère, l'obliquité de l'écliptique étoit de 23° 51', précisément égale à celle qu'Eratoſthènes, Hypparque & Ptolémée ont établie, & qu'ils ont faite tous trois la même, quoiqu'ils aient été ſéparés par un intervalle de 400 ans, pendant lequel l'obliquité a dû varier au moins de trois minutes. Les Indiens paroiſſent donc ſe tromper d'environ neuf minutes, & cette erreur eſt à peu près égale à celle d'Hypparque ſur le même élément. Mais ſi on rapporte cette détermination à l'époque que nous avons choiſie, & que nous avons ſuppoſée dans l'an 4302 avant notre ère, on trouvera que l'obliquité de l'écliptique étoit de 23° 58′; & dans cette ſuppoſition les Indiens ne ſe feroient écartés que de deux minutes ſur cet élément comme ſur l'équation du centre (1).

Enfin les Indiens ont deux révolutions de la lune, que l'on peut déduire des deux plus grandes de leurs périodes. La première de 1600984 jours, donne une révolution à l'égard des étoiles de $27^j\ 7^h\ 43'\ 12'', 31$; mais il faut obſerver que cette révolution n'a pu être déduite de cet intervalle & connue qu'à la fin même de l'intervalle, c'eſt-à-dire, au 21 Mai 1282 de notre ère (2). L'autre période de 12372 jours donne une révolution de $27^j\ 7^h\ 43'\ 13'', 02$: celle-ci doit être plus ancienne; c'eſt la première déterminée & la première employée. Maïer la ſuppoſe plus courte environ d'une ſeconde & demie. En conſéquence de l'accélération que cet Aſtronôme a propoſée, la révolution de la lune varie &

(1) *Infrà*, p. 165.

(2) *Infrà*, p. 95.

diminue. Nous trouvons qu'au moment de l'époque indienne, l'an 3102 avant notre ère, elle a dû être de 27^{j} 7^{h} 43$'$ 12$''$,69, encore un peu plus courte que les Indiens ne l'établissent (1). Il faut donc remonter plus haut dans le tems pour retrouver la révolution établie par les Indiens. Et en effet, si on se transporte à l'époque de l'an 4302 avant notre ère, l'accélération admise par Maïer, donnera pour ce tems la révolution de la lune de 27^{j} 7^{h} 43$'$ 13$''$, précisément comme la donnent les Indiens; car on juge bien qu'ils ne l'ont pas déterminée à deux centièmes de seconde près : quoique ces révolutions, prises comme moyennes entre un très-grand nombre, soient susceptibles d'être déterminées avec une certaine exactitude.

Il est singulier que ces quatre élémens de la théorie du soleil & de la lune, la durée de l'année, la révolution lunaire, l'équation du centre du soleil & l'obliquité de l'écliptique concourent également à rapporter ces déterminations à un même tems. Nous ne prétendons pas que ce tems soit fixé d'une manière précise; mais il en naît un soupçon très-bien fondé, que si l'établissement des années solaires & l'époque astronomique datent chez les Indiens de l'an 3102, & du commencement du quatrième âge, l'Astronomie de ce peuple a pu être établie sur des observations antérieures, sur des observations faites dans le cours d'un âge précédent, sur lequel la chronologie indienne nous donnera

(1) *Infrà*, pages 169, 170.

des détails. On verra que les faits chronologiques s'unissent aux faits astronomiques pour demander un tems antérieur à l'âge caliougam (1).

L'Astronomie des planètes peut nous fournir encore quelques remarques importantes; on y retrouve des preuves de l'ancienne attention des Indiens & d'une certaine habileté dans l'art d'observer. On sait que Ptolémée ne donnoit aux aphélies des planètes que le mouvement qui résulte de la rétrogradation des équinoxes; on sait qu'il avoit même l'absurdité de le refuser à l'apogée du soleil, quoique cette rétrogradation de l'équinoxe affecte également la longitude de tous les points des orbites planétaires. Les Indiens sont plus avancés à cet égard; ils ont donné à l'apogée du soleil & à l'aphélie des planètes, non seulement le mouvement qui est dû à la précession des équinoxes, mais une progression particulière, différente pour chacun de ces points (2). Il faut se souvenir qu'il n'y a pas un siècle que le mouvement propre de ces points est établi en Europe, soit par l'observation, soit par la théorie d'une manière incontestable. Il faut songer que les Indiens n'ont jamais été en état de faire des observations aussi précises que nous les faisions même il y a un siècle, & que par conséquent, dans les tems où ils ont reconnu ce phénomène, ils étoient déjà en possession d'une longue suite d'observations qui par leur ancienneté compensoient le défaut de leur précision.

(1) Seconde partie de ce discours.

(2) *Infrà*, p. 44 & 184.

Cette conſidération ſeule bien peſée, montre la néceſſité des obſervations faites au commencement de l'âge caliougam, l'an 3102, & dont nous voulons établir l'authenticité. Le mérite des Brames n'eſt pas ſeulement d'avoir reconnu le phénomène du mouvement des aphélies, mais d'en avoir quelquefois aſſez bien déterminé la quantité. Les Tables indiennes ne nous ont donné que le mouvement des aphélies de Mercure & de Jupiter; mais il eſt remarquable que ce mouvement approche plus du mouvement, qui eſt déduit de la théorie de M. de la Grange, que celui de la plupart de nos Tables modernes (1). Il y a même cela de très-ſingulier, que les Indiens nous indiquent le lieu de l'aphélie de Jupiter pour l'époque de 3102, & que ce lieu eſt très-préciſément celui que donne la théorie de M. de la Grange pour ce tems (2).

Cet illuſtre géomètre a encore reconnu que les équations de Jupiter & de Saturne ſont aſſujetties à des variations. L'équation de Jupiter augmente, celle de Saturne diminue. L'Aſtronomie indienne, conforme à ces réſultats, nous préſente une équation de Saturne plus grande, & une équation de Jupiter plus petite que les nôtres (3). Ces déterminations indiennes portent donc avec elles le caractère de leur ancienneté. Il eſt vrai que ſi on calcule par les formules de M. de la Grange l'équation de Jupiter pour l'an 3102, on la trouve encore plus petite que celle des Indiens. Nous ne pouvons

(1) *Vide infrà* Aſtron. ind., pag. 185.

(2) *Infrà*, p. 186.

(3) *Infrà*, p. 187.

répondre que les Brames n'aient point corrigé cette équation dans des tems postérieurs. D'ailleurs M. de la Grange nous mande qu'il seroit possible de tout accorder, en faisant un leger changement aux formules où la masse encore incertaine de Saturne jette quelque incertitude. Mais l'équation propre de Saturne déterminée par les Indiens, differe de la nôtre de près de 1° ½ : une différence pareille ne peut être une erreur d'observation ; & si on calcule ce qu'a dû être cette équation au tems de l'époque caliougam, on trouve une quantité qui ne differe pas de deux minutes de celle des Indiens (1). La précision de deux minutes, que semblent annoncer quelques-unes de leurs déterminations, n'est point une illusion ; cette précision est démontrée par l'équation de la lune que les Indiens de Siam font de 4° 56′ ; tandis que les Tables de Maïer, dans des circonstances semblables, l'établissent de 4° 57′ 52″, plus grande seulement de 1′ 52″ (2),

Ces rencontres multipliées des élémens des Indiens avec les élémens calculés par la théorie pour l'époque de 3102, ne sont point l'effet du hasard. Si des erreurs compensées & une sorte de divination les avoient fait rencontrer juste sur un de ces élémens, il n'est pas dans la probabilité qu'ils aient été également heureux sur la durée de l'année, la révolution lunaire, l'obliquité de l'écliptique, l'équation du centre du Soleil, celle de la Lune, celle de Saturne, le

(1) *Infrà*, p. 188.

(2) *Infrà*, p. 13.

lieu

lieu de l'aphélie de Jupiter & les mouvemens tant de cet aphélie que de celui de Mercure. Il en résulte que les Indiens, à cette époque, avoient réellement les élémens que nous offre aujourd'hui leur Astronomie. Les Indiens ne les ont pas corrigés, & ces élémens sont restés comme une marque de l'antiquité des travaux qui les ont fait découvrir ; mais il en résulte encore nécessairement que toutes ces déterminations étant assez précisément ce qu'elles devoient être à l'époque de l'an 3102, sont le résultat des observations qui ont été faites alors, & deviennent des témoins de la réalité de cette époque.

10°. Enfin la dernière preuve que nous offrirons de l'authenticité de l'époque & de l'observation qui l'a fondée, naîtra de l'examen des positions que les Indiens assignent au soleil & à la lune au commencement de l'âge caliougam. Ces positions réduites à la longitude moyenne & au moment de l'époque astronomique, c'est-à-dire au minuit entre le 17 & le 18 Février de l'an 3102 avant notre ère, sont le lieu de la lune dans le sixième degré du Verseau, & le lieu du soleil dans 3° 38′ du même signe (1). Il n'y auroit rien de plus facile que de vérifier le fait & d'y remonter par le calcul, si les mouvemens célestes, aujourd'hui bien connus, étoient constans & inaltérables ; mais la connoissance des moyens mouvemens est au moins douteuse. Maïer, en nous donnant des Tables très-exactes de la lune, a reconnu que le mou-

(1) *Infrà*, p. 141.

vement, qui repréſente les obſervations modernes, eſt trop rapide pour repréſenter les obſervations anciennes ; & il a annoncé une accélération dans les mouvemens de cette planète. Il l'a annoncée, & l'on a douté, tant parce qu'on a ſuſpecté les obſervations qui l'ont conduit à ce réſultat, que parce que le phénomène manque d'une cauſe connue. En effet le ſyſtême de la gravitation univerſelle n'aſſigne aucune cauſe à cette accélération. Les planètes ſe dérangent mutuellement dans leur route, mais elles n'altèrent point leurs moyens mouvemens. M. de la Place, habile géomètre de l'Académie des ſciences, en pouſſant l'approximation auſſi loin qu'il eſt néceſſaire, a montré que les perturbations mutuelles n'avoient aucun effet ſur ces mouvemens. Depuis M. de la Grange l'a démontré rigoureuſement & indépendamment de toute approximation (1). Il eſt vrai que la réſiſtance du milieu, quelque petite qu'elle ſoit, peut avoir à la longue un effet, & il en doit réſulter une accélération : mais dans les tentatives que l'on a faites pour eſtimer cette réſiſtance, elle n'a paru influer que ſur la lune ; le ſoleil & les autres corps céleſtes ſemblent lui échapper, ou du moins il faut infiniment plus de tems pour que les effets en deviennent ſenſibles. M. de la Place, dans la vue de rendre raiſon de l'accélération de la lune, a imaginé une cauſe également ingénieuſe & neuve ; c'eſt le tems néceſſaire à la tranſmiſſion de la gravité. Il eſt difficile de croire que l'attraction n'ait pas beſoin d'un tems pour s'exercer, qu'elle agiſſe de la

(1) *Infrà*, p. 146.

même manière ſur les corps en repos & ſur les corps en mouvement. Ce tems ſuppoſé, le corps en repos attend l'action de la gravité; le corps en mouvement pourroit lui échapper ſi ſa vîteſſe étoit ſuffiſamment grande : mais quelle que ſoit ſa vîteſſe, il ſe dérobe toujours en partie à cette action, & il en naît une modification dans le mouvement. Cette modification eſt une accélération; & ce que l'influence de cette cauſe a de particulier, c'eſt qu'elle produit une accélération ſenſible au bout d'un tems convenable, dans les mouvemens du ſoleil & de la lune. Seulement, comme ces altérations ſont, en raiſon inverſe des tems des révolutions, l'accélération du ſoleil n'eſt que la douzieme partie de celle de la lune (1).

Tel eſt donc l'état de nos connoiſſances & de nos doutes. Le phénomène de l'accélération n'eſt pas généralement reconnu : s'il exiſte, les perturbations mutuelles n'en ſont point la cauſe; on ne ſait s'il appartient ou à la réſiſtance du milieu, ou à ce tems ſuppoſé néceſſaire pour la tranſmiſſion de la gravité; on voit ſeulement que les phénomènes pourront, avec le tems, prononcer entre ces deux hypothèſes. Si le ſoleil n'a point d'accélération, celle de la lune ſera due à la réſiſtance du milieu; ſi les deux aſtres ſubiſſent à cet égard une loi commune, la cauſe de l'accélération ſera le tems que demande la tranſmiſſion de la gravité. L'avenir ou l'antiquité peuvent ſeuls éclaircir ces doutes; mais

(1) Ces équations ſont entr'elles comme 1 à 12 $\frac{1}{7}$.

l'avenir n'eſt point à nous, & il n'y a que l'antiquité que nous puiſſions interroger. L'obſervation indienne, ſi réellement c'en eſt une, doit fournir quelque lumière.

Nous avons calculé le lieu du ſoleil & de la lune ſur les Tables de la Caille, de Caſſini & de Maïer, & nous avons trouvé pour l'époque de l'an 3102 :

Lieu moyen du ſoleil ;				
La Caille.	10ˢ	1°	5′	57″
Caſſini.	10	1	16	0
Indiens.	10	3	38	0
Lieu moyen de la lune :				
Caſſini	10ˢ	3°	52′	15″
Maïer ſans accélération	10	0	51	16
avec accélération. . . .	10	6	46	52
Indiens.	10	6	0	0

Nous concluons de ce tableau & de la comparaiſon de nos Tables avec les Tables indiennes, que malgré les différences que l'on peut y remarquer, l'époque des Brames eſt fondée ſur une véritable obſervation. On voit que les Tables de Maïer, en employant l'accélération, donnent à la lune la même poſition que les Indiens, à trois quarts de degré près. On voit auſſi que nos meilleures Tables diffèrent entr'elles ſur cette poſition de trois degrés. On a vu quelle a été l'incertitude des mêmes Tables relativement à l'éclipſe de lune, qui doit avoir eu lieu quinze jours après l'époque caliougam : celles de Caſſini la font viſible à Bénarès ;

ſuivant celles de Maïer, employées ſans accélération, la lune auroit été couchée.

Si les Indiens, partis de leur époque de 1491, ſont remontés dans les tems, & ont calculé leur époque de l'an 3102, il faut convenir qu'ils ont une connoiſſance des moyens mouvemens, auſſi exacte que la nôtre. Suppoſer qu'ils ont obtenu ces moyens mouvemens ſans anciennes obſervations, ſeroit une abſurdité; & ſuppoſer aux Indiens des obſervations anciennes, inconnues, en rejetant celles qu'ils nous ſont connoître, ſeroit une inconſéquence. D'ailleurs, après toutes les preuves qui ont été accumulées ici, de la réalité de l'époque, il ſemble que, ſi l'accord des longitudes indiennes avec l'état du ciel, ou du moins avec l'état du ciel repréſenté par nos Tables, étoit porté à un certain point de préciſion, il en réſulteroit le complément des preuves & une ſorte de démonſtration de la vérité de ces longitudes.

Remarquons que les tables de M. de la Caille demandent ici une équation ſéculaire pour le ſoleil, comme les Tables de Maïer la demandent pour la lune; mais il faut faire attention que les longitudes des aſtres dans notre Aſtronomie, ſont toujours comptées de l'équinoxe du printems. Cet équinoxe n'eſt pas un point fixe; les obſervations anciennes, la théorie de la gravitation ont également démontré que ce point rétrograde tous les ans de 50″ $\frac{1}{3}$. C'eſt ce qui produit le mouvement apparent des étoiles en longitude. On fait entrer cette variation dans la détermination des révolutions & du mouvement de toutes les planètes; mais depuis que la ſcience de l'attraction & les progrès de la géométrie nous ont mis en état d'approfondir davantage & de mieux détailler les effets, on a reconnu que la rétrogradation de l'équinoxe appartient à pluſieurs cauſes & n'eſt pas toujours la même. Non ſeulement l'action du ſoleil & de la lune fait reculer conſtamment & également l'interſection de l'écliptique & de l'équateur, mais l'action des autres planètes ſe joint inégalement à cette action conſtante, & en faiſant rétrograder l'écliptique, change le lieu de l'équinoxe. Cette variation altère toutes les longitudes; il faut donc y avoir égard pour l'exactitude des calculs. M. de la Grange a déterminé pour un tems quelconque la quantité de cette variation. Nous avons appliqué ſes formules au tems de l'époque, & nous avons trouvé qu'il falloit ajouter 1° 51′ 17″ aux longitudes pour l'an 3102 avant notre ère (1); alors nous avons eu:

Lieu moyen du ſoleil,				
La Caille.	10ˢ	2°	57′	14″
Caſſini	10	3	7	17
Indiens.	10	3	38	0
Lieu moyen de la lune :				
Caſſini	10ˢ	5°	43′	32″
Maïer ſans accélération. . .	10	2	42	33
avec accélération. . .	10	6	46	52 (2)
Indiens.	10	6	0	0

Il n'y a donc de différence entre nos Tables & celles des

(1) *Infrà*, p. 143.

(2) On n'applique point ici la varia-

Indiens que trois quarts de degrés pour la lune & trente à quarante minutes pour le ſoleil. Quand cet accord ne ſeroit pas porté plus loin, comme il le ſera bientôt, on pourroit conclure que l'époque indienne eſt fondée ſur une obſervation. Quel eſt l'Aſtronôme qui oſeroit aſſurer qu'à cette diſtance de quarante-neuf ſiècles, où nous ſommes aujourd'hui de l'époque des Indiens, les Tables de la Caille ne ſont pas ſuſceptibles d'une erreur d'un demi-degré, & celles de Maïer d'une erreur de trois quarts de degré; & l'on voudroit que les Indiens avec leur Aſtronomie inférieure à notre Aſtronomie européenne, fuſſent remontés par un intervalle de 4592 ans, & ne ſe fuſſent écartés que de ces quantités dont, malgré notre ſupériorité, nous ne pouvons pas répondre nous-mêmes.

Si nous ne croyons pas que les Indiens aient pu établir par le calcul les longitudes du ſoleil pour l'an 3102, la préciſion que nous avons remarquée dans pluſieurs des élémens indiens rapportés à cette époque, nous porte à croire que l'obſervation qui en eſt la baſe, a été faite avec une certaine exactitude. Cependant, comme il ne faut rien ſuppoſer légèrement dans cet examen important, nous allons vérifier quelques élémens de notre Aſtronomie, & juger de quelles corrections ils ſeroient eux-mêmes ſuſceptibles. Nous commencerons par le mouvement de la lune.

---

tion de l'équinoxe, parce que l'accélération ſuppoſée par Maïer, ayant été déterminée empiriquement, la variation de l'équin. doit y être renfermée.

L'obſervation indienne de l'an 3102, ou du moins la longitude que nous imaginons avoir été déduite d'une obſervation, eſt infiniment favorable à l'hypothèſe d'une accélération dans le mouvement de la lune. Il eſt vrai que le moyen mouvement de Caſſini, de 10ˢ 7° 49′ 52″ dans un ſiècle, & toujours le même ſans accélération, repréſente auſſi bien la longitude indienne que le mouvement ſéculaire de Maïer, de 10ˢ 7° 53′ 35″, en employant l'accélération. Mais les obſervations modernes ne ſont pas ſuſceptibles de laiſſer ſubſiſter cette incertitude de 3′ 43″; & puiſqu'elles demandent le moyen mouvement de Maïer, elles ne permettent pas de ſuppoſer celui de Caſſini. Il eſt certain que ſans citer les obſervations de l'Arabe Ibn-Ionis, ſur leſquelles on a quelque doute, la plupart des obſervations chaldéennes faites 6 ou 700 ans avant notre ère, ne peuvent pas être repréſentées avec le même mouvement qui repréſente nos obſervations actuelles. Il faut donc que ce mouvement ait changé & ſoit devenu plus rapide. L'obſervation indienne donne le même réſultat; elle montre la néceſſité d'une accélération. Il y a plus, elle en indique la quantité. Nous ſommes partis d'une époque de Maïer, priſe le 23 Décembre 1768, & en accumulant les moyens mouvemens qui ont eu lieu en 1778700ʲ 20ʰ 4′ 9″, ou en 4869 ans 298ʲ 20ʰ 4′ 9″, nous ſommes parvenus à la longitude que la lune devoit avoir à l'époque indienne placée au minuit entre le 17 ou le 18 Février de l'an 3102.

Ce calcul nous a donné une longitude de la lune, plus petite

petite de 5° 8′ 44″ que celle des Indiens (1). L'accélération de la lune dans cet intervalle de 4870 ans, eſt, ſuivant Maïer, de 5° 55′ 36″ qui doivent être ajoutés à la longitude trouvée par ſes Tables. On voit que ces deux quantités, 5° 8′ 44″ & 5° 55′ 36″ ne diffèrent pas infiniment. Nous allons montrer que l'Aſtronomie indienne eſt propre, non ſeulement à confirmer la néceſſité de l'accélération, mais encore à en déterminer la quantité.

L'obſervation de l'an 3102 donne lieu de croire que l'accélération établie de 5° 55′ 36″ pour 4870 ans, eſt un peu trop forte, & devroit être réduite à 5° 8′ 44″. Maïer n'a pu déterminer rigoureuſement la quantité qu'il a établie; elle eſt fondée ſur des obſervations faites l'an 977 & 978 notre ère, éloignées par conſéquent de notre tems de d'environ 800 ans (2). Cette équation croît en raiſon du carré des tems; & lorſqu'on la calcule pour un intervalle ſix fois plus grand, l'erreur que peut comporter la détermination de Maïer, eſt multipliée trente-ſix fois; il ſuffit donc qu'il ſe ſoit trompé d'une minute & un tiers, ce qui n'eſt pas difficile à croire, pour produire la différence que nous venons de remarquer entre ſon équation ſéculaire & celle qu'offre la longitude indienne. Maïer a varié lui-même ſur la quantité de cette équation : il la faiſoit d'abord de 7″ pour le premier ſiècle; il l'a faite depuis de 9″ (3). L'accé-

(1) *Vide infrà*, pages 110 & 142.

(2) La Lande, Aſtr. art. 1484.

(3) *Ibid.* art. 1484.

lération que fournit la longitude indienne de l'an 3102, ſuppoſe 7″ $\frac{4}{5}$ pour le premier ſiècle; elle eſt donc entre les deux quantités que les obſervations avoient fournies à Maïer, & qu'il a admiſes ſucceſſivement en différens tems. La quantité 7″ $\frac{4}{5}$, ou près de 8″, eſt aſſez préciſément le milieu entre les deux quantités 7″ & 9″ établies par Maïer lui-même dans ces différens tems.

L'Aſtronomie indienne peut ſeule fournir la quantité de l'équation ſéculaire, & en déterminer la valeur de deux manières qui ſe ſervent mutuellement de confirmation. Nous venons de voir que la longitude de l'an 3102 exige une équation ſéculaire de 5° 8′ 44″; mais il faut conſidérer que l'accélération apperçue par Maïer & établie empiriquement ſur les obſervations, renferme néceſſairement l'effet de toutes les cauſes qui peuvent affecter le moyen mouvement, & entr'autres, celle qui peut déplacer l'équinoxe ou altérer le mouvement égal du point équinoxial d'où les longitudes & le mouvement ſont comptés. L'équation ſéculaire que Maïer donne à la lune doit donc renfermer la variation de la préceſſion des équinoxes, déterminée par les formules de M. de la Grange, & que nous avons trouvée de 1° 51′ 17″ (1). Ainſi la véritable équation ſéculaire, l'équation propre au mouvement de la lune, n'eſt que de 3° 17′ 27″.

Maintenant nous avons le grand intervalle donné par les

(1) *Suprà*, p. liv.

Indiens, de 1600984 jours ou de 4383 ans environ, pendant lequel, suivant eux, la lune parcourt $9^s\ 7^\circ\ 45'\ 1''$

lequel, suivant eux, la lune parcourt	9s	7°	45′	1″
Suivant Maïer dans le même tems	9	10	27	5
Différence		2	42	4 (1).

Cette comparaison nous montre que le mouvement de la lune observé par les Brames dans l'intervalle de 4383 ans, a été plus lent de 2° 42′ 4″ que celui que la lune auroit eu dans ce même intervalle, si elle avoit fait son cours avec la vîtesse que nous lui reconnoissons aujourd'hui. Il semble donc que cette vîtesse ait été moindre jadis qu'elle n'est actuellement, & cela d'une quantité que les observations indiennes nous fournissent directement, de 2° 42′ 4″ pour 4383 ans. C'est une véritable équation séculaire ; c'est une équation absolument semblable à celle qui a été supposée par Maïer.

Cet Astronôme a établi son moyen mouvement pour l'époque de 1750 : c'est de là qu'il faut partir pour déterminer l'accélération ; c'est-à-dire, d'une époque éloignée de 4850 ans de celle de l'âge caliougam. Cela posé, il est facile de calculer par la raison du carré des tems, ce qu'une équation de 2° 42′ 4″ pour 4383 ans, donnera pour 4850 ans. On trouvera en conséquence, pour ce dernier intervalle, une équation séculaire de 3° 18′ 20″, qui ne diffère que d'une minute de la quantité 3° 17′ 27″, que nous a indiquée pour

(1) *Infrà*, p. 95.

cette accélération la longitude de l'an 3102. Il est difficile de parvenir à un accord plus satisfaisant.

On voit donc qu'en prenant l'accélération 3° 18′ 20″, déduite du grand intervalle de 1600984 jours, y ajoutant la variation de la précession des équinoxes, 1° 51′ 17″, prise dans les formules de M. de la Grange, on retrouve l'équation séculaire supposée par Maïer, ou du moins une quantité qui est renfermée dans les limites qu'il a paru assigner lui-même à son équation; & en employant ces corrections qui sont toutes indépendantes de la longitude de la lune l'an 3102 avant notre ère, on retrouve précisément & dans la minute la quantité de cette longitude.

Longitude des Tables de Maïer. .	10s	0°	51′	16″
Accélération.		3	18	20
Variation de la précession . . .		1	51	17
Longitude suivant nous.	10	6	0	53
Suivant les Indiens.	10	6	0	0
Différence.			0	53

Cette exacte conformité nous paroît une grande preuve de la réalité de l'observation, qui a fourni cette longitude aux Indiens.

Ce n'est pas tout; nous avons vu que le soleil est placé par M. de la Caille, au moment de l'époque indienne,

dans.	10s	1°	5′	57″
Par M. Cassini.	10	1	16	0
Par les Indiens.	10	3	38	0

Et en ajoutant à ces longitudes de la Caille & de Caffini la variation de la préceffion des équinoxes 1° 51′ 17″ :

La Caille donne.	10ˢ	2°	57′	14″
Caffini.	10	3	7	17
Indiens.	10	3	38	0

Mais nous avons dit que l'hypothèfe du tems néceffaire à la tranfmiffion de la gravité imaginée par M. de la Place pour expliquer l'équation féculaire de la lune, exige une équation femblable dans le mouvement du foleil; équation qui eft à celle de la lune comme 1 à 12 ⅓. Il en réfulte que l'équation de la lune étant de 3° 17′ 26″, celle du foleil doit être de 16′; & en ajoutant cette quantité :

La Caille donnera	10ˢ	3°	13′	14″
Caffini	10	3	23	17
Indiens	10	3	38	0

Les longitudes du foleil, calculées fur les Tables de la Caille ou de Caffini, offrent donc une différence de 25′ ou de 15′ avec la longitude des Tables indiennes; & cette différence n'empêche pas de croire que la longitude des Indiens n'ait été établie fur une véritable obfervation. Les Aftronômes conviendront qu'en fuppofant même que cette erreur appartienne toute aux Indiens, & qu'il n'y ait rien de l'imperfection de nos Tables, cette erreur eft peu confidérable fur la détermination du lieu du foleil, que certainement les Indiens n'ont pas obfervé directement, & auquel ils n'ont pu parvenir que par un nombre de réductions qui font toutes affujetties à des erreurs plus ou moins grandes.

Mais on ne peut pas ſuppoſer que l'imperfection de nos Tables n'y entre pour rien, puiſque la Caille diffère preſque autant de Caſſini que les Indiens en diffèrent eux-mêmes. Cette différence entre Caſſini & la Caille vient de ce que le premier ſuppoſe l'année de 3″ plus longue que le ſecond; & il ne s'agiroit que d'allonger encore l'année de 4 à 5″ pour repréſenter exactement la longitude du ſoleil de l'époque indienne. Il faudroit donc ſuppoſer la durée de l'année de 365ʲ 5ʰ 48′ 57″. La Caille la fait plus courte de 8″; mais les comparaiſons ſur leſquelles il a établi cette durée, donnent des réſultats trop éloignés entr'eux, pour répondre de 8″ (1).

On peut s'en convaincre en comparant les différentes durées de l'année établies par les plus illuſtres de nos Aſtronômes modernes.

Elle eſt ſelon	Copernic	365ʲ	5ʰ	49′	6″
	Tycho			48	45
	Képler			48	57½
	Bouillaud			49	4
	Riccioli			48	40
	Flamſteed & Newton			48	57½
	Halley			48	55
	Caſſini			48	52½
	Le Monnier			48	57
	Maïer			48	51
	La Caille			48	49
	La Lande			48	45½

(1) *Infrà*, p. 150.

La plus grande & la plus petite de ces déterminations diffèrent de 26″. On peut avancer que les obſervations de Tycho & de Waltherus, comparées à celles que nous faiſons aujourd'hui, ſont inſuffiſantes pour aſſurer que l'année n'eſt pas de 8″ plus longue que celle qu'a déterminée M. de la Caille. Huit ſecondes en trois ſiècles font quarante minutes de tems, & ces quarante minutes répondent à 1′ 38″ de mouvement du ſoleil. Comment prouver que les mouvemens déterminés par la comparaiſon des obſervations de Waltherus & de Tycho aux nôtres, ne ſont pas aſſujettis à cette incertitude ? En établiſſant ici l'année de 365^j 5^h 48′ 57″, on ſera conforme aux déterminations de Képler, de Flamſteed, de Newton & de M. le Monnier ; & avec cette durée on repréſentera l'obſervation indienne du ſoleil comme celle de la lune, à peu près dans la minute.

En effet 8″ par an font 10^h 46′ 40″ en 4850 ans, & il en réſulte que les Tables de la Caille donnent dans cet intervalle un mouvement trop grand de 26′ 33″, & les longitudes trop peu avancées de cette quantité.

Longitude des Tables de la Caille.	10^s	1°	5′	57″
Correction du mouvement. . .			26	33
Equation de la préceſſion . . .		1	51	17
Equation de M. de la Place. . .			16	0
Longitude ſuivant nous. . . .	10	3	39	47
Suivant les Indiens.	10	3	38	0
Différence.			1	47

Il faut convenir que cette conformité des longitudes

indiennes du ſoleil & de la lune, pour l'époque de l'an 3102 avant notre ère, avec les longitudes fournies par nos Tables, offre un réſultat auſſi ſingulier que démonſtratif.

Cependant, quoique nous ſoyions convaincus que ces longitudes de l'époque des Brames ſont dues à une obſervation qui date de quarante-neuf ſiècles, nous ne prononcerons point affirmativement; c'eſt aux Aſtronômes & aux Géomètres à juger les preuves que nous venons de leur offrir, & à décider s'il en réſulte une véritable démonſtration. En croyant que ces longitudes ſont dues à une obſervation, nous ſommes loin de penſer que cette obſervation ſoit exacte dans la minute; les Tables auxquelles nous la comparons, ne comportent pas cette préciſion dans les tems éloignés, nous diſons ſeulement que les élémens de notre Aſtronomie actuelle, appliqués à cette grande diſtance des tems où nous vivons, peuvent repréſenter dans la minute les longitudes indiennes.

Les mathématiciens, à qui il appartient légitimement de prononcer ſur ces réſultats auſſi nouveaux qu'intéreſſans, conſidéreront que cette obſervation de l'an 3102 avant notre ère, eſt infiniment utile pour la vérification des moyens mouvemens du ſoleil & de la lune, parce qu'elle eſt du double plus éloignée que les obſervations anciennes qui nous ſont parvenues : le mouvement de la lune, obſervé dans l'intervalle de 4383 ans, eſt un élément précieux; les faſtes de l'Aſtronomie n'offrent point juſqu'ici d'obſervations ſéparées par un ſi long intervalle, de mouvement déterminé

directement

directement dans ce nombre de ſiècles. Les élémens de l'Aſtronomie indienne confirment la variation de la préceſſion des équinoxes, celle des équations du Soleil, de Saturne & de Jupiter, la variation de la durée de l'année & celle de l'obliquité de l'écliptique, le mouvement de l'aphélie de Jupiter & de Mercure, déduits de la théorie de la gravitation univerſelle par les recherches de M. de la Grange; & cela non ſeulement pour la nature & le ſens de ces variations, mais pour leur quantité, pourvu qu'on rapporte tous ces élémens à l'époque en queſtion de l'an 3102, où cette comparaiſon montre qu'ils ont été déterminés. Ces élémens confirment également, & pour l'eſpèce & pour la quantité, l'accélération admiſe par Maïer. Ils donnent une baſe à l'hypothèſe de M. de la Place ſur la différence de l'action de la gravité à l'égard des corps en repos & des corps en mouvement; & par la néceſſité d'une équation ſéculaire pour le ſoleil, l'Aſtronomie indienne ſemble décider que l'accélération du mouvement des planètes eſt due plutôt à la cauſe ſoupçonnée par M. de la Place, qu'à la réſiſtance de l'éther où ſe meuvent les corps céleſtes. Les Indiens n'ont point deviné ces théories modernes & très-récentes pour compoſer tous les élémens de leur Aſtronomie, de manière qu'ils répondent à leur antique époque de l'an 3102, pour placer au moment de cette époque le ſoleil & la lune dans le point même où ces aſtres devoient être pour rendre témoignage à la vérité de ces théories. Il ſemble que l'on en doive conclure l'authenticité de leur époque; il ſemble que ce concours prouve à la fois, & la réalité de l'obſervation qui s'accorde avec le réſultat de nos théories, & l'exactitude de nos théories qui ſont confirmées par l'obſervation.

Lorſque M. de la Grange publia en 1782 le réſultat de ſes nouvelles & profondes recherches, il en appeloit à l'avenir pour les confirmer, à un avenir que ni lui, ni nous, ni pluſieurs générations encore ne doivent pas voir; il n'avoit pas eſpéré que ce qui nous reſte de l'antiquité pût fournir des déterminations aſſez exactes & aſſez anciennes pour vérifier ſa théorie. Ces reſtes de l'antiquité ſont chez les Indiens; & tandis que l'Aſtronomie des Brames prouve que la théorie de M. de la Grange eſt conforme à l'état paſſé du ciel, les calculs de cet illuſtre géomètre ſemblent démontrer que les Indiens ont bien vu le ciel, & qu'ils n'ont rien dit que comme témoins. Il eſt ſingulier ſans doute que nous trouvions dans l'Inde la confirmation des déterminations & des recherches les plus délicates de nos Aſtronômes & de nos Géomètres; il eſt ſingulier que les Brames puiſſent nous inſtruire, les Brames qui pratiquent une ſcience qu'ils n'entendent plus (1), opérant de routine, & ne faiſant ni ne deſirant nul progrès. Mais ſi les Indiens ont quelquefois auſſi bien vu, auſſi bien fait que nous, c'eſt que l'obſervation les a guidés comme nous; c'eſt que le tems a compenſé leurs erreurs & les a mis ſur quelques points, au niveau de

(1) *Infrà*, p. 317.

notre exactitude moderne. Ces peuples, aujourd'hui si paresseux, sont nos aînés; ils ont l'avantage des années, ou plutôt des siècles, & ils éclairent notre industrie de leur longue & antique expérience.

Les Indiens n'ont pas toujours été si heureux dans les déterminations relatives aux cinq petites planètes; mais il faut considérer que ces déterminations, moins nécessaires, ont été moins suivies par l'observation. Les phénomènes du soleil & de la lune, leurs éclipses sont bien plus sensibles, & attirent plus l'attention que tous les autres phénomènes du ciel. Les éclipses ont été d'abord l'effroi des peuples; cet effroi a nécessairement conduit à la superstition, & l'Astronomie de ces deux planètes a été liée à la religion. L'observation des éclipses a été certainement un devoir dans l'Inde comme à la Chine; alors les observations se sont accumulées, & le tems en a fait une science. L'Astronomie des petites planètes a été cultivée plus tard & plus rarement. Mais si les élémens de cette Astronomie particulière manquent quelquefois d'exactitude, on voit que ces planètes ont été assez suivies & assez étudiées pour que la théorie générale de leurs mouvemens soit devenue simple & raisonnable. La marche du calcul des Brames pour trouver le lieu des planètes, est absolument semblable à la nôtre: ils ont une époque du lieu de la planète & de celui de son aphélie, qui sont des longitudes telles qu'elles sont vues du soleil; ils y ajoutent le moyen mouvement écoulé dans l'intervalle. Avec l'anomalie moyenne, ils déterminent l'équation du centre ; puis avec la distance de la planète au soleil, ils trouvent la parallaxe de l'orbe annuel, qui leur donne le lieu vu de la terre (1). Nous ne pouvons pas dire qu'ils mettent ces planètes en mouvement autour du soleil; mais aussi il n'y a rien dans leurs procédés qui empêche de le croire. Ils traitent les deux inégalités comme deux équations propres au mouvement de la planète. On voit qu'ils ne se sont attachés qu'à représenter les phénomènes, sans s'embarrasser comment cela arrive. Cependant comme des Missionnaires ont assuré qu'il y avoit chez les Indiens des philosophes, qui plaçoient le soleil au centre du monde (2), il seroit très-possible que cette vérité astronomique fût connue d'eux, sans être exprimée dans leurs Tables. Une chose pourroit porter à le croire, c'est que ce n'est pas la longitude moyenne dont ils se servent pour trouver & l'équation du centre & la parallaxe de l'orbe annuel, c'est une longitude fictive, à laquelle ils parviennent en appliquant à la longitude moyenne la moitié de l'équation du centre, & la moitié de la parallaxe de l'orbe annuel ; & la preuve que cette longitude est absolument fictive, c'est que lorsqu'elle a servi à trouver ce qu'ils croyent être les véritables équations de la planète, ils ne les appliquent point à cette longitude, mais à la longitude moyenne d'abord trouvée. Ils semblent avoir reconnu que les deux inégalités étoient vues de deux centres différens ; & dans l'impossibilité où ils

(1) *Infrà*, p. 192.

(2) Hist. Astron. anc. p. 116.

étoient de déterminer & le lieu & la diſtance des deux centres, ils ont imaginé de rapporter les deux inégalités à un point qui tînt le milieu, c'eſt-à-dire, à un point également éloigné du ſoleil & de la terre. Ce nouveau centre reſſemble aſſez au centre de l'équant de Ptolémée On pourroit retrouver dans ces diſpoſitions l'idée des trois cercles imaginés par cet Aſtronôme, ſavoir, l'équant, l'excentrique & l'épicycle. Toutes les hypothèſes de Ptolémée ne ſemblent que l'explication des procédés indiens. Les Brames n'employent point cette longitude & ce centre fictifs dans la théorie du ſoleil & de la lune; ils penſent donc qu'il y a quelque choſe dans le mouvement des petites planètes, qui diffère du mouvement du ſoleil & de la lune. Les Brames n'ignorent pas que les longitudes moyennes, exprimées en degrés du cercle, ont lieu autour d'un centre; pourquoi donc corrigent-ils ces longitudes moyennes, ſi ce n'eſt parce qu'ils imaginent que le centre des mouvemens n'eſt pas le même pour les petites planètes que pour le ſoleil & pour la lune? (1).

Les doutes que les méthodes indiennes font naître à cet égard, ſont fortifiés par la théorie des planètes inférieures, Vénus & Mercure. On calcule de même leur longitude moyenne; elles ſont également aſſujetties aux deux inégalités. On employe encore les longitudes fictives; mais les équations qui en réſultent, au lieu d'être appliquées à la

(1) *Infrà*, p. 198.

longitude moyenne de la planète, ſont appliquées à celle du ſoleil. Cependant la longitude moyenne, d'abord trouvée, eſt appelée la longitude de la planète; la diſtance qui en réſulte à l'égard du lieu moyen du ſoleil, va depuis zero juſqu'à 180 degrés. Aucun obſervateur n'ignore que Vénus & Mercure ne ſont jamais vus à l'oppoſite du Soleil; il faut en conclure néceſſairement que le cercle, où ſont comptées ces longitudes moyennes, enferme le ſoleil, & que cet aſtre eſt au centre de ces mouvemens. Alors la longitude moyenne de la planète leur ſert à trouver la quantité dont elle s'écarte du ſoleil, ce que nous nommons ſa digreſſion orientale ou occidentale. L'autre équation qui dépend de la diſtance à l'aphélie, eſt l'inégalité même de la planète dans ſon orbite: & comme cette inégalité ne fait que produire une variation des digreſſions, ces deux eſpèces d'équations peuvent en effet s'appliquer au lieu du ſoleil. On reconnoît ici que les Indiens ont commis dans ces théories une faute eſſentielle, c'eſt d'avoir rapporté le lieu des planètes ſupérieures & inférieures au lieu moyen du ſoleil, & non pas à ſon lieu véritable. Ils ont établi le préjugé qui a régné ſi long-tems dans l'Aſtronomie. Cette vieille erreur nous a été tranſmiſe par Ptolémée, elle a ſubſiſté juſqu'à Tycho; & Képler, avec bien de la peine, en a débarraſſé la ſcience. Mais on croit appercevoir que dans les hypothèſes des Brames, le centre des mouvemens & des inégalités des planètes ſupérieures n'eſt pas la terre; & on y voit très-clairement que Vénus & Mercure circulant autour du Soleil, les Indiens ſont les véritables auteurs du fameux ſyſtême égyptien, dont Ptolémée n'a point parlé, & dont Ciceron nous a conſervé la tradition.

Il ſe préſente ici une queſtion, c'eſt de ſavoir ſi cette Aſtronomie des Indiens n'a pas été empruntée des Egyptiens à qui Ciceron attribue la découverte du mouvement de Venus & de Mercure autour du Soleil. Les Aſtronômes qui auront lu cet ouvrage, reconnoîtront facilement que l'Aſtronomie que nous y avons expliquée forme un corps de ſcience, qui a dû être inventé ou adopté en entier. Il faudroit donc que ce ſyſtême entier d'Aſtronomie, inventé jadis en Egypte, eût été communiqué aux Indiens tel qu'il eſt, & il y a un grand nombre de ſiècles. Nous ferons obſerver d'abord que nous demander de prouver la propriété & l'invention des Indiens, c'eſt renverſer l'ordre des choſes. La poſſeſſion eſt un titre de propriété; c'eſt à ceux qui l'attaquent à indiquer les ſources & à donner les preuves de la communication. Nous expoſons une Aſtronomie perfectionnée, nous en montrons les détails curieux & intéreſſans. On nous oppoſe une Aſtronomie ignorée, & que nous avons droit de regarder comme imaginaire. On nous dit que les Egyptiens ont été eſtimés de tout tems comme un peuple très-ſavant, très-inſtruit en particulier de l'Aſtronomie. Nous répondons que l'Aſtronomie égyptienne, qui nous eſt parvenue, ſe borne à l'art d'orienter les édifices, & à la connoiſſance de la durée de l'année de $365^j \frac{1}{4}$. Ces connoiſſances étoient utiles & importantes pour les Grecs, encore plus ignorans que les

Egyptiens. Les élèves ont loué leurs maîtres, l'admiration des uns prouve à la vérité la ſupériorité des autres ; mais comme tout eſt relatif, la ſupériorité ſur les Grecs pouvoit alors ſe réduire à peu de choſe. Si on nous objecte une prétendue Aſtronomie gravée ſur des ſteles & cachée dans le ſecret des temples d'Egypte ; nous dirons que nous ne pouvons juger ce que nous ne connoiſſons pas : nous ne devons connoître que les faits. Nous dirons que ſi les Egyptiens ont laiſſé une grande réputation, les Indiens ont conſervé des monumens ; des monumens que nous préſentons ici & qui dépoſent pour eux. C'eſt ſur ces titres exiſtans que nous devons porter un jugement valable. Quand on nous montreroit l'Aſtronomie indienne inſcrite ſur les colonnes d'Egypte, nous oppoſerions les manuſcrits dont les Indiens ſont poſſeſſeurs ; & ce ſeroit un grand procès à juger, que de ſavoir lequel des deux peuples eſt le peuple inventeur. Nous croyons avoir les faits & les preuves, qui peuvent éclaircir la queſtion, & nous les produirons un jour ; nous produiſons quelques-uns de ces faits dans la troiſième partie de ce diſcours. Mais s'il y a eu réellement en Egypte une Aſtronomie inventée par les Egyptiens, pourquoi donc Ptolémée ne nous en a-t-il pas parlé ? Pourquoi n'a-t-il cité aucun réſultat, ni employé aucune détermination ? Pourquoi ne cite-t-il que les Chaldéens, & n'employe-t-il que leurs périodes, leurs élémens & leurs obſervations ? Cette Aſtronomie égyptienne, ignorée de Ptolémée qui vivoit en Egypte, ne peut être aucunement connue des Européens modernes

modernes qui en sont séparés par la distance & des tems & des lieux. Cette Astronomie est pour nous comme si elle n'avoit jamais existé. Nous ne pouvons dire ici tout ce que la recherche des antiquités nous a fait appercevoir sur l'ancien état des choses, les communications & la marche des lumières; mais en attendant nous pouvons proposer des considérations générales, & qui semblent décisives.

Nous croyons que les Indiens, c'est-à-dire, les ancêtres & les auteurs des Indiens actuels, ont été les inventeurs de l'Astronomie assez perfectionnée dont nous venons de rendre compte, parce que cette Astronomie existe en effet chez eux, & en corps de science; parce qu'ils la pratiquent pour ainsi-dire sans la connoître, par une habitude qui résulte d'une science perdue & dégénérée en routine aveugle; parce qu'ils la conservent, d'une part, avec un attachement qui décèle leur titre de propriété & d'invention, & qui naît de leur respect pour les institutions de leurs ancêtres, & de l'autre, avec un dédain pour toutes les connoissances étrangères, une opiniâtreté dans leurs propres opinions, qui n'a pu s'établir & se fortifier que par le tems, & qui est la preuve d'une possession immémoriale,

Cette science qu'ils n'entendent plus, qu'ils pratiquent à l'aveugle, est riche & variée. Elle est riche en périodes commodes pour l'usage; ce qui montre que la science a été approfondie & maniée par des mains habiles avant d'être livrée aux ignorans qui la possedent aujourd'hui. Les Brames ont une petite période de 248 jours, renfermant neuf révolutions complettes de la lune à l'égard de ſon apogée, & où le mouvement vrai eſt indiqué jour par jour. Ils ont une période de 3031 jours qui renferme 110 révolutions, & une autre 12372 jours qui renferme 449 des mêmes révolutions à l'égard de l'apogée. Au bout de toutes ces périodes, la lune ſe retrouve toujours apogée. Ils ont deux autres périodes, l'une de 800 révolutions du ſoleil, l'autre de 800 révolutions de la lune dans leur zodiaque, qui ſont compoſées de jours entiers; une autre période de 87 ans qui ramène le ſoleil près de l'équinoxe, & qui renferme un nombre de révolutions des deux aſtres, moins trois degrés pour le ſoleil & huit degrés pour la lune. Enfin ils ont la période de 19 ans ſolaires, équivalente à 235 lunaiſons, ou à dix-neuf années lunaires, dans leſquelles on intercale ſept fois. Cette période eſt celle qui a illuſtré Méton, qui eſt déſignée ſous le nom de nombre d'or. Cette période, également connue des Chinois, appartient à l'Aſie où Méton en a puiſé ſans doute la connoiſſance (1).

Cette Aſtronomie eſt variée, parce que chacune des quatre Tables que nous avons examinées, procède par des méthodes différentes. Les Tables de Siam calculent le mouvement de la lune à l'égard du ſoleil; c'eſt ainſi qu'on y détermine les conjonctions, les oppoſitions & les éclipſes. Les Tables de Tirvalour procèdent par des ſommes de révolutions à l'égard de l'apogée; les Tables de Narſapur par des ſommes ſem-

(1) Aſtron. anc. pag. 226, 451.

blables de révolutions complettes, mais dans le zodiaque, mais à l'égard des étoiles. Enfin les Tables de Chrisnabouram déterminent le lieu du soleil & de la lune par des moyens mouvemens additionnés, & pris proportionnellement au tems écoulé dans des Tables dressées exprès & semblables aux nôtres. Cette abondance d'élémens & cette variété de formes annoncent une étude longue & suivie de la science; elle montre que la possession a été complette, & telle qu'elle doit résulter de l'invention, perpétuée dans le cours des recherches & renouvelée à chaque progrès. Il y a longtems sans doute que ces progrès sont finis, mais ils sont marqués par ces nombreux élémens, & par ces méthodes variées qui subsistent aujourd'hui.

Nous croyons que les Indiens sont inventeurs, que leurs déterminations sont originales & prises sur la nature; premièrement parce qu'elles ne ressemblent à point à celles des Astronomies étrangères: mouvement des étoiles, durée de l'année, mouvement moyen de la lune & des planètes, position & mouvement des apogées & des aphélies, équations du centre, obliquité de l'écliptique, méthodes, périodes (1), tout est différent chez eux que chez les autres peuples. Secondement ces déterminations ont été prises sur la nature, parce qu'elles représentent l'état du ciel au moment de l'époque que les Indiens ont établie: longitudes, durée de l'année, équation du centre du Soleil & de Saturne, lieu de l'aphélie de Jupiter,

(1) *Infrà*, p. 154.

obliquité de l'écliptique, tout est ce qu'il devoit être l'an 3102 avant notre ère, ou dans quelques-uns des siècles qui ont précédé cette époque, si on cherche une conformité plus grande, ou une coïncidence presque parfaite.

Richesse de la science, variété des méthodes, exactitude des déterminations, tout assure aux Indiens ou à leurs auteurs la possession & l'invention de leur Astronomie. Les Indiens donnent à cette science une date très-antique qui répond à la description du ciel. Nous allons maintenant chercher dans leur histoire, indépendamment de leur Astronomie, quelles peuvent être les dates qu'offre leur chronologie. Nous rapprocherons la science des tems de la science des mouvemens célestes, & ces différens résultats comparés nous fourniront de nouvelles lumières.

SECONDE PARTIE,

De la Chronologie indienne (1).

Les Indiens ont des livres ſacrés qui renferment les dogmes de leur religion, les faits & la chronologie de leur hiſtoire. Ces faits & ces dogmes ſont mêlés avec les fables les plus abſurdes; mais ce mélange même fait préjuger l'antiquité de ces peuples. Tout ce qui eſt antique, comme tout ce qui eſt éloigné, devient obſcur: l'imagination eſt libre d'y créer des chimères; & la diſtance des tems, en rendant les choſes paſſées plus impoſantes & plus reſpectables, conconſacre les fables qui flattent la vanité des peuples, comme elles amuſent notre enfance. Les Indiens, ſi anciens ſans aucun doute, ſont ſi éloignés de leurs commencemens, que tout ce qu'il y a d'obſcur & de fabuleux dans leur hiſtoire, porte l'empreinte de la plus haute antiquité.

Nous ne devons pas oublier que les fables hiſtoriques ne ſont que des ornemens. Ces ornemens ſont toujours attachés à un fond ſolide; & les fables ne ſe perpétueroient point ſi elles ne tenoient pas à quelques vérités. Ce n'eſt donc pas une raiſon de rejeter les récits d'une nation, parce qu'ils

(1) Cette ſeconde partie a été lue dans les ſéances particulières de l'Académie royale des Inſcriptions & Belles-Lettres; & l'extrait en a été lu à la Séance publique de Pâques de l'année 1786.

soit ou imaginaire, ou exagérée. Nous observerons cependant que suivant M. le Gentil, nous sommes aujourd'hui dans la 4887 année du quatrième âge nommé *caliougam* (1). Si on lui attribue, comme aux autres, une durée future très-longue & de 432000 ans, du moins la chronologie des tems déjà écoulés ne compte que 4886 ans complets, & semble renfermer cet âge dans des bornes plus raisonnables. Le quatrième âge paroît devoir être distingué des autres, ou parce que les durées des trois premiers étant fausses, celle du quatrième est la seule vraie, ou parce que dans l'intervalle du troisième au quatrième âge, on a introduit une nouvelle mesure du tems, & on a compté différemment les années.

Cet âge remonte à une très-grande antiquité, à une antiquité de 3102 ans avant notre ère, & qui s'approche de celle que l'historien Manethon donne à l'Egypte (2). M. Freret, dans un travail commencé sur la chronologie indienne, avoit regardé l'époque du caliougam, celle de l'an 3102 avant notre ère, comme le point fixe où l'on devoit faire commencer cette chronologie (3).

Le Bagavadam remonte plus haut que cette époque; il fait

(1) M. le Gentil, Mém. de l'Ac. des Scien. 1772, Part. II, p. 190.

(2) Manethon comptoit 113 règnes successifs, qui avoient duré 3555 ans depuis le règne des hommes jusqu'à la quinzième année avant l'empire d'Alexandre, ou 346 ans avant J.C. Le calcul de Manethon remonte donc à l'an 3901 avant notre ère. Sincelle, p. 52. Hist. Astr. anc. p. 304.

(3) Hist. Acad. Inscrip. T. XVIII, p. 48.

fait mention des âges précédens. S'il ne présente que quelques faits & quelques fables grossières des deux premiers, il nous donne de grands détails sur le troisième dont nous allons développer ici la chronologie.

Le troisième âge commence par un déluge ; deux races, qui portent le nom de races du soleil & de la lune, en remplissent la durée, & chacune par quatre-vingt-deux générations. Si le quatrième âge nous a offert dans le nombre de ses années infiniment plus modéré que celui des trois autres, un caractère particulier, celui-ci, le troisième, a aussi un caractère qui lui est propre & qui le distingue des deux précédens ; ce sont les générations suivies qu'il nous offre, & les détails dont elles sont accompagnées. On voit qu'il est question de tems plus connus, & dont la mémoire a été mieux conservée. Les quatre premières de ces quatre vingt-deux générations nous paroissent ou entièrement fabuleuses, ou devoir être regardées comme hors de cet âge. Elles nous paroissent fabuleuses, parce qu'elles sont composées du Soleil, de la Lune, de Mercure, &c. Elles nous semblent ne point appartenir au troisième âge, parce qu'il commence par un déluge, & que ce déluge est arrivé sous Vayvassouden, à la cinquième génération. On voit que dans les deux races le règne des hommes ne commence dans l'une qu'à ce Vayvassouden, & dans l'autre à un roi nommé Pourourven, placé également à la cinquième génération. Nous ne compterons dans cet âge que soixante-dix-huit générations.

En partant de ces deux chefs de race, Vayvassouden &

Pourourven, les générations des deux familles sont rapportées & suivies jusqu'à la cinquante-deuxième. On y marque le nom de chaque individu, celui de ses femmes & de ses enfans; il y a encore des races collatérales qui, sans avoir la même durée, présentent quelquefois vingt ou trente générations également suivies. Le récit est mêlé de quelques fables, & assez sec pour ne pas être regardé comme un ouvrage de la vanité nationale qui veut illustrer son origine par de brillans mensonges. On y rappelle des victoires & des conquêtes, parce qu'il y en a dans toutes les histoires; mais on a lieu de croire que c'est la vérité qui les y place; on les raconte, parce qu'elles doivent y être. Il n'y a nulle ostentation, ni aucune affectation d'éloge; & il est facile de se convaincre que le neuvième livre du *Bagavadam*, consacré à ces généalogies, est purement chronologique.

On annonce ensuite vingt-six générations qui doivent completter le troisième âge & atteindre le caliougam. Ces générations ne sont indiquées là que comme prédiction, que comme devant être placées dans des tems futurs. L'époque du *Bagavadam* doit donc être dans cette cinquante-deuxième génération. Le récit que l'on fait est adressé au roi Paricchitou; on lui raconte l'histoire de ses ancêtres & les choses antérieures à lui. On peut croire que jadis le *Bagavadam* finissoit ici. Le dixième & l'onzième livre contiennent les aventures de Chrisnen, qui sont une histoire particulière; & le douzième livre est la chronologie des événemens postérieurs à Paricchitou. Ces livres ont donc pu être ajoutés

& ne font point anachronifme. On fait que dans les tems anciens, où l'art d'écrire étoit difficile, où l'on n'écrivoit que fur la pierre, fur le bois & fur des chofes d'un grand volume, les premiers mémoriaux ont été fort courts. Les livres antiques, qui nous ont été confervés, font formés de ces mémoires réunis. Le *Bagavadam* nous paroît une compofition de ce genre : on lui a donné feulement une forme dramatique ; c'eft un dialogue entre le roi Paricchitou & Souguen, fils de Viaffen, auteur du *Bagavadam* ; Viaffen recueillit fans doute les mémoires plus anciens que lui, & Souguen les récita au roi (1). On reconnoît encore les différentes parties dont il a été compofé ; Naraden, Maytrean font des patriarches très-anciens & en grande vénération dans l'Inde. C'eft Juda ou Souden qui fait l'introduction & le premier livre ; Naraden eft l'auteur du fecond ; Maytrean, l'auteur des trois livres fuivans ; dans les fept derniers livres c'eft Souguen qui parle. Il eft donc évident que l'on a réuni dans cet ouvrage les inftructions des Patriarches les plus recommandables, tels que Naraden, Maytrean, Viaffen, Souguen, &c. Cet ouvrage d'ailleurs décèle la manière dont il a été fait par le peu d'analogie des différentes matières qui y font traités de fuite. On ne s'eft pas embarraffé de les affortir & d'unir enfemble celles qui fe convenoient le mieux ; les feules tranfitions employées font les queftions du roi au Patriarche. Dans le cinquième livre, par exemple, on parle

(1) Bagav. liv. I, p. 11.

des anciens hommes & des géans, & tout à coup le roi interrompt le patriarche pour demander l'étendue & la mesure de l'univers (1); c'est ainsi qu'on passe d'un récit historique à une description géographique. Il est aisé de voir que par ces questions on a voulu lier d'une manière quelconque les différens mémoriaux recueillis. Ces pièces détachées peuvent donc avoir appartenu à différens tems. Les premiers livres se sont accrus avec les siècles, comme le sol s'élève par des couches superposées & des additions successives. Le douzième livre nous paroît une addition qui a été faite fort tard au *Bagavadam:* il offre le reste de la chronologie indienne; & sans doute que quand on a voulu completter l'histoire, en y ajoutant cette dernière chronologie, on a eu soin, pour conserver la forme de l'ouvrage, pour tout rapporter à l'époque de sa première composition, de donner au récit la forme de prédiction. Les événemens n'y paroissent que comme une révélation des choses futures. Cette forme est simple & naturelle, quand on veut ajouter des connoissances postérieures à un livre déjà connu & déjà consacré. Elle est conforme à l'esprit de l'antiquité, dont les histoires n'étoient souvent que des espèces de poëmes; & cette forme ne peut être regardée comme un indice de fausseté, si d'ailleurs la chronologie des faits est renfermée dans les bornes de la vraisemblance, & si elle présente d'autres caractères de vérité.

(1) Bagav. Liv. V, p. 31.

Le douzième livre du *Bagavadam* offre plusieurs suites de princes & de générations dont je ne ferai point ici le détail, je me contenterai d'en rapporter les durées.

Cinq rois.	138 ans
Cinq autres.	150
Une suite de rois.	360
Sept autres.	100
	748

Cet intervalle renferme les vingt-six générations qui complettent le troisième âge. C'est ici que commence le caliougam; alors Sandragouter, de la race des Brahmanes, fut le chef d'une nouvelle dynastie, & le premier roi dans l'âge caliougam.

Neuf rois ont régné	332 ans
Huit rois.	100
Un nombre de rois.	345
Un autre nombre.	456
	1233

On raconte ensuite qu'*il y aura huit espèces de* Toulouckers *& quatorze espèces de* Veders *ou hommes des bois, qui gouverneront dans quelques parties de la terre. Outre ceux-là quatorze espèces de* Miletschers *& autres espèces de* Veders, *qui auront le surnom de* Poulindarparper, *seront les maîtres du monde pendant*. . . . . 1990 ans

Une autre race régnera.	1300
Enfin la dernière celle de Nanden	106
	3396 (1).

(1) Bagav. Liv. XII, p. 216.

On a cru trouver ici dans ces noms de *Toulouker* & *Miletſcher* que l'on traduit par les noms de Turcs & de Maures, un indice de la falſification de ce livre, & même de ſa nouveauté. Le traducteur Maridas Poullé donne en effet ce ſens aux mots *Toulouker* & *Miletſcher* (1).

Cet anachroniſme apparent a été relevé, & l'objection a été faite par des ſavans d'une grande conſidération, dont nous reſpectons les lumières, mais nous ne croyons point qu'il y ait anachroniſme; nous penſons que l'erreur eſt dans l'application qu'on fait des noms en queſtion.

Sans doute les Turcs & les Maures ſont déſignés dans l'Inde ſous les noms de *Toulouker* & *Miletſcher;* mais ces noms leur appartiennent-ils excluſivement & primitivement? Ce nom eſt-il pour eux un nom propre, ou ſeulement un nom générique? C'eſt ce qui peut faire une queſtion. Les plus legers rapports ſuffiſent ſouvent pour appliquer les mêmes noms à des choſes très-différentes. N'avons-nous pas appelé Indiens les habitans de l'Amérique comme les habitans du Bengale? Les Grecs & les Latins ne donnoient-ils pas le nom de Barbares à toutes les nations de la terre? Strabon dit que ce nom a été donné aux peuples dont la prononciation étoit âpre & difficile (2). Les Indiens ont fait, à cet égard, comme les Grecs & les Latins. Le mot *Veder* ſignifie, ſelon Maridas Poullé, habitans des bois; *Toulouker* & *Miletſcher* doivent être également ſignifi-

(1) Bagav. p. 216 & 217.

(2) Strabon, *Geog. Lib. XIV*, p. 662.

catifs. L'Inde a été continuellement conquiſe & ravagée ; les anciens conquérans ſe reſſembloient par leurs déprédations & par leur férocité. Egalement inconnus, la même haîne leur a fait donner les mêmes noms. Les Turcs & les Arabes ont pu les porter à leur tour ; mais on ne voit pas pourquoi les Indiens n'auroient pas conſervé à ces peuples leurs propres noms. Les Arabes ſont trop voiſins de l'Inde pour que leur nom n'y fût pas connu ; Turk, un des fils de Japhet, qui a donné ſon nom à une nation Tartare, a laiſſé une grande mémoire dans l'Aſie. Les langues de l'Inde ont des mots d'une prononciation plus dure & plus difficile que celle du mot *Turk*, & les Indiens, en adoptant celui-ci, ne l'auroient pas dénaturé & changé en *Toulouker*. Nous penſons que ſi dans la ſuite des tems on a donné aux Arabes Muſulmans & aux Turcs, à ces peuples nouveaux, les noms de *Miletſcher* & de *Toulouker*, c'eſt par extenſion, & comme on leur a donné celui de *Veder*, habitans des bois. Il ne convient ni aux Tartares Turcs, qui primitivement campoient dans des plaines, ni aux Arabes du tems de Mahomet, qui avoient des villes.

On a cru trouver également un ſynchroniſme entre *Sandragouter*, le Brame qui fut le premier roi de l'âge caliougam, & un *Sandrocottus*, qui vivoit & régnoit dans l'Inde 303 ans avant J. C., & dont il eſt parlé dans Arien & dans Strabon(1). Nous obſerverons ſeulement que le *Bagavadam* dit expreſſément que les peuples *Veder*, qui ſe ſont ſuccédés & qui

(1) Strabon, *Geog. Lib. XV, p.* 702. *Arrian. de Exped. Alex. L. V, p.* 223.

ont été désignés par les noms de *Toulouker* & de *Miletscher*, ont régné, les premiers pendant 1990 ans, les seconds pendant 1300 ans; & quand cette chronologie viendroit jusqu'au tems où nous sommes, elle placeroit l'arrivée des Maures & des Turcs quatorze ou quinze siècles avant notre ère; ce qui seroit bien un véritable anachronisme. D'ailleurs le *Sandrocottus* d'Arien est éloigné de nous de 2000 ans; celui du *Bagavadam* l'est de 4543 ans. Ces deux princes ne peuvent pas être les mêmes; les peuples, quelque simples & grossiers qu'ils soient, quand ils ont une chronologie, n'y commettent point des erreurs de 2500 ans. Nous observerons en second lieu que cette conformité de noms est une raison toujours foible & souvent trompeuse pour établir un synchronisme qui n'a pas d'autre preuve. Les générations successives des peuples offrent partout des noms semblables; & pour ne pas nous écarter de l'histoire indienne, il n'y a qu'à parcourir la chronologie du *Bagavadam*, on verra à de très-grandes distances, dans les générations qui y sont rapportées, des princes qui ont porté le même nom. Ce synchronisme n'est point suffisamment établi, & il ne prouve pas plus que l'anachronisme qu'on voudroit trouver dans cette chronologie, en prenant, les Maures, les Turcs pour les *Toulaukers* & les *Miletschers*. Nous croyons donc pouvoir conclure que ces objections ne suffisent point pour ébranler la chronologie indienne, si d'ailleurs cette chronologie présente des caractères de vérité, & si elle est établie sur des fondemens légitimes.

Il

Il eſt de l'équité, lorſqu'on lit l'hiſtoire des peuples dans les livres de ces peuples mêmes, de les regarder comme des témoins qui racontent les faits qu'ils ont vus; car la tradition, ou écrite, ou conſervée par la mémoire, n'eſt que la dépoſition d'une ſuite de témoins qui ſont ſucceſſivement les garans les uns des autres. On n'a aucun droit, ni aucune raiſon de leur conteſter les faits de leur hiſtoire, lorſque ces faits ne s'écartent pas de la vraiſemblance; & on ne peut accuſer leur chronologie de menſonge, que lorſqu'elle eſt évidemment en contradiction avec une chronologie avouée & bien établie.

Celle du *Bagavadam* n'a rien qui contrediſe la connoiſſance que nous avons des tems écoulés. En additionnant tous les nombres d'années, nous aurons les trois

ſommes	748 ans
	1233
	3396
Qui font	5377 ans

Si l'on ajoute les 52 générations qui ont précédé, évaluées chacune à raiſon de 30 ans, on aura 1560 ans, & pour le tout une durée de 6937 ans. Cette durée n'eſt point exceſſive; elle s'accorde avec notre chronologie, puiſque les Septante comptent 6634 ans (1), au commencement de notre ère, & qu'en ſuivant leur calcul, nous devons compter aujourd'hui 7419 ans écoulés depuis le commencement du monde.

(1) Riccioli, Chronol. p. 292.

Cette partie de la chronologie indienne n'offre donc rien d'impossible. C'est assez pour ne la pas rejeter ; mais il faut quelque chose de plus pour l'admettre, il faut qu'elle soit revêtue des caractères de la vérité. Ces caractères sont de renfermer des faits qui aient une suite & un ensemble, de n'avoir rien de contradictoire avec l'histoire des peuples voisins, qui ont existé en même tems sur la terre, & de donner dans la suite des règnes quelques faits positifs qui soient appuyés sur une base solide.

Les faits du *Bagavadam* ont certainement une suite, puisque le troisième âge est rempli par soixante & dix-huit générations; & cela dans deux familles qui ont la même origine, le même nombre de générations & la même durée. Cette conformité n'a rien d'extraordinaire, car au bout d'un très-long tems, le même nombre de générations a lieu dans différentes familles. C'est sur ce principe que sont fondés les calculs chronologiques par générations; & quant à la durée semblable des deux races, il est évident que la conquête & l'asservissement du pays a produit à la fois l'extinction des familles des princes, ou du moins les a fait oublier. Cette même suite se retrouve dans les branches collatérales, jusqu'à l'extinction de ces branches. On voit dans les rapports que l'histoire indienne établit entre les deux grandes familles, que les individus qu'elle rapproche sont contemporains & placés à peu près dans le même ordre de générations. S'il y a quelquefois un peu de confusion, il faut s'étonner qu'après tant de siècles il n'y en ait pas davantage. On trouve, par exemple, quelques familles jetées au milieu du récit, dont on ne nous dit ni le commencement, ni la fin, ni les rapports avec les races dont l'hiſtoire eſt mieux ſuivie. Mais cette confuſion même eſt un caractère de vérité. Le menſonge n'a pas ſuppléé à la mémoire; il n'a pas préſidé à un ordre de choſes qu'il auroit rendu plus exact & plus méthodique. Il y a même cela de ſingulier, que ce ſont les tems anciens où la filiation eſt le mieux ſuivie. On remarque une interruption; vingt-ſix générations avant l'âge caliougam dans la race du ſoleil, & vingt-deux générations dans la race de la lune. C'eſt alors ſans doute que les ancêtres des Indiens ont commencé à être troublés dans leur poſſeſſion. Depuis le commencement du caliougam juſqu'à nos jours, les générations ſont rarement diſtinguées; le réſultat en eſt préſenté en ſomme. Il ſemble que les Indiens, pendant tout ce long eſpace de tems, aient été fatigués par des incurſions, dérangés par des ſervitudes ſucceſſives, & qu'ils n'aient pas tenu compte des tems avec le même détail qu'auparavant. L'hiſtoire le dit; ces ſervitudes ont été impoſées par ces *Veders* dont on compte tant de différentes eſpèces. C'eſt peut-être pour ces malheurs répétés que le quatrième âge a reçu le nom de *caliougam*, qui ſignifie âge d'infortune (1). Mais cette différence dans les

(1) M. le Gentil, Mém. Acad. Sc. 1772, Part. II, pag. 190. *Cali* ou *Kolée* ſignifie impureté, corruption, infortune, *ougam* ou *jogue* ſignifie âge, *holwel*, événemens hiſtoriques, p. 82.

détails de l'hiſtoire, en différens tems, peut prouver la vérité de ces annales. Si elles avoient été compoſées à loiſir & exprès pour en impoſer, il auroit été facile de détailler les tems modernes, & de leur donner l'air de vraiſemblance qui réſulte des détails hiſtoriques & ſuivis, & qui auroit pu rejaillir ſur les tems antérieurs. Cette eſpèce de déſordre, cette inégalité dans la chronologie ſemble atteſter qu'elle a été écrite avec fidélité, & qu'elle a été détaillée en proportion de la tranquillité du pays, & ſelon que les tems l'ont permis.

On objectera ſans doute qu'une chronologie qui contient des millions d'années, ne peut s'accorder ni avec l'hiſtoire des peuples voiſins, ni avec aucune chronologie raiſonnable. Mais les choſes que les peuples nous racontent de leur antiquité, même les plus vraiſemblables, renferment quelquefois un fond de vérité. Il faut examiner ce que ces peuples diſent, apprendre leur langage, la valeur de leurs expreſſions, & commencer par s'entendre.

L'oppoſition remarquable entre les trois premiers âges qui ont duré trois millions huit cent quatre-vingt huit mille années, & le quatrième qui a duré juſqu'ici quatre mille huit cent quatre-vingt-ſix ans, eſt une preuve que ces années ne ſont pas de la même eſpèce. Si les nombres des trois premiers âges ſont fictifs & imaginés à plaiſir, la même imagination n'a pu s'abſtenir de groſſir les années du dernier âge, que parce qu'elle a été gênée par une chronologie connue & par la vérité de l'hiſtoire; & ſi ces nombres ne ſont que de petits intervalles employés à la meſure du tems, il eſt évident que cette meſure a changé au tems du quatrième âge. Les années, depuis cette époque, ſont des années ſolaires. Cela eſt démontré par les calculs aſtronomiques des Indiens, qui meſurent la durée écoulée de ces quatre mille huit cent quatre-vingt-ſix ans par des années ſolaires & ſidérales de $365^{j}\ 6^{h}\ 12'\ 30''$, & cela depuis le mercredi 16 Février de l'an 3102 avant J. C. environ à trois heures du matin à Bénarès, ou du moins ſous un méridien qui en eſt peu éloigné.

Il réſulte de là deux vérités : la première, que l'époque caliougam, l'an 3102 avant notre ère, eſt une époque chronologique, comme M. Freret l'a penſé ; la ſeconde vérité eſt que la meſure du tems a changé à cette époque ; & qu'alors on a commencé à faire uſage des années ſolaires.

Maintenant, pour connoître ce que peuvent être les années des trois premiers âges, il faut ſavoir quelles ſont les meſures du tems employées dans l'Inde : on les trouve dans un paſſage du *Bagavadam*.

Ce paſſage détaille ſucceſſivement tous les intervalles de la durée depuis celui qui embraſſe une année entière, juſqu'aux diviſions infiniment petites du jour, & juſqu'à des intervalles abſolument inappréciables. Nous ne ferons point mention ici de toutes ces petites diviſions, & nous commencerons par celle qui embraſſe une révolution ſolaire depuis un lever juſqu'à l'autre, & qui eſt appelée jour.

Quinze de ces jours font un intervalle nommé dans l'Inde *Paccham*. Deux *Paccham*, c'est-à-dire trente jours, font un mois aux hommes ; & l'auteur ajoute, ce qui est très-remarquable, que ce mois n'est qu'un jour aux *Pidar Devata*. Ces *Pidar Devata* sont sans doute une espèce de dieux ou de génies, comme on le voit par le mot *Devata*, qui a cette signification dans la langue indienne. Deux de ces mois se nomment *roudou*, trois *roudou* s'appellent *aianam*, & deux *aianam* un an, qui n'est qu'un jour pour les dieux. Un an est, selon les Indiens, le tems que le soleil employe à parcourir le zodiaque ; & cent de ces années font l'âge de l'homme (1).

On voit par le passage que je viens de citer, que le mot indien qui répond à celui de jour, a été employé successivement pour signifier différentes révolutions & différentes mesures du tems, puisque la révolution diurne du soleil est un jour pour les hommes, celle de la lune un jour pour les *Pidar Devata* ; enfin la révolution annuelle du soleil est encore un jour pour les dieux. Ces mots jour & an, ou ceux qui y répondent en Indien, n'ont donc signifié primitivement, comme le mot *sare* en chaldéen, que révolution.

On voit encore que ce détail des mesures du tems renferme la notion de la plupart des différentes années, qui ont été employées dans l'antiquité, & il semble que ces mesures aient ici leur origine.

(1) Bagav. Liv. II, p. 44.

Tel eſt d'abord l'intervalle d'un jour qui a été pris jadis pour une année. On ſait que ſuivant Epigènes, les obſervations des Chaldéens remontoient à 720000 ans, (1), & ſuivant Calliſthènes à 1903 ans ſeulement (2). 720000 jours font 1971 ans ſolaires ; & pourvu qu'Epigènes ait été poſtérieur de 68 ans à Calliſthènes (3), les deux calculs s'accordent très-bien ; l'un n'eſt qu'une traduction de l'autre, & ils prouvent tous deux que les Chaldéens comptoient par les révolutions diurnes du ſoleil, & par les jours de leurs obſervations qui étoient inſcrites ſur des briques. On voit encore la mention de cette manière de compter dans un paſſage de la chronique d'Alexandrie. *Huic (Mercurio) ſucceſſit in regno Vulcanus, diesque mille ſexcentos octoginta, hoc eſt annos quatuor, menſes ſeptem, dies tres regnavit; neſciebant enim tùm Ægyptii annos definire, ſed unius diei ſpatium annum appellabant* (4).

Suidas dit formellement que les anciens ont compté des jours pour des années ; & il cite en preuve cet exemple de Vulcain, mais en le faiſant régner 4477 ans (5), c'eſt-à-dire 4477 jours, qui font douze ans trois mois & ſept jours.

La demi révolution lunaire eſt chez les Indiens une meſure du tems ; on y retrouve les mois de quinze jours dont parle

(1) Pline, *Hiſtor. nat. Lib. VII, c. 56.*

(2) Simplicius, *de cælo, Lib. II, comment. 46.*

(3) M. Gibert, Lettre ſur la chronologie, Amſt. 1743. Hiſt. Aſtron. anc. p. 373.

(4) *Chron Alex.* p. 105. Hiſt. Aſtron. anc. p. 295.

(5) Suidas, art. Ηλιος. Il dit 12 ans, 3 mois 5 jours ; mais c'eſt ſans doute une erreur de calcul.

Quinte-Curce (1). C'eſt encore à cette ſource que l'on peut rapporter l'uſage des Chinois, de partager le zodiaque en 24 parties, & par conſéquent l'année en 24 demi-mois.

La révolution entière de la lune eſt cette eſpèce d'année dont parle Diodore de Sicile; cette année de 30 jours, connue en Egypte (2), également atteſtée par Pline (3) & par Plutarque (4).

L'intervalle de deux mois nommé ici *roudou*, eſt la période de 60 jours dont on fait uſage à la Chine (5). Cette révolution ou année de deux mois a été connue & employée en Egypte (6). Il y a même une choſe remarquable à cet égard, c'eſt que les Arabes partageoient jadis l'année en ſix ſaiſons chacune de deux mois; & dans une Aſtronomie nommée *Kieou-tche*, reçue à la Chine dans les cinq ou ſix premiers ſiècles de l'ère chrétienne, on dit que deux lunes font un tems & ſix tems une année (7); l'année de deux mois, la période de 60 jours a donc été une meſure univerſelle du tems dans l'antiquité?

Trois *roudou* font chez les Indiens un *ayanam*, c'eſt-à-dire une révolution de ſix mois. On ſait que dans la Grece

(1) *Menſes in quinos dies deſcripſerunt dies*. Quint. Curt. *L. VIII*, *c.* 9.

(2) Diod. *Lib. I*, §. 26, p. 30.

(3) Pline *Hiſt. nat. Lib. VII*, *c.* 48, Tom. 3, p. 185.

(4) Vie de Numa, §. 16.

(5) Souciet, Obſer. faites aux Indes & à la Chine, Tom. II, p. 184.

(6) Cenſorin, *de die natali*, *c.* 19.

(7) Hiſtoire univ. par une Société de gens de lettres, première traduction de l'anglois, Tom. XII, p. 549.

Souciet, Obſerv., &c. T. II, p. 123 & 125.

Hiſt. de l'Aſtr. mod. Tom. I, p. 216 & 626.

les

les Acarnaniens comptoient ainsi par des années de six mois(1). M. Freret dit d'après les livres chinois, que l'année est partagée en deux parties d'un équinoxe à l'autre (2). Les habitans du Chamchatka ont encore ces années de six mois (3).

On retrouve donc en effet chez les Indiens presque toutes les mesures du tems, & les différentes années qui ont été en usage dans l'antiquité : il n'y a que celles de trois & quatre mois dont il n'est pas question ici; celles-là semblent appartenir exclusivement à l'année solaire. La division admise chez les Indiens, de deux familles de princes, dont l'une porte le nom de race du soleil, l'autre celui de race de la lune, autorise une conjecture pour expliquer la bizarrerie de ces noms, c'est que l'une de ces familles régloit les tems par des révolutions de la lune, & l'autre par les révolutions du soleil. Elles se sont réunies dans l'Inde, & elles y ont porté ces différentes mesures. En effet les Indiens font usage à la fois de l'année lunaire pour les tems civils, & de l'année solaire pour les tems astronomiques; ils les rapprochent l'une de l'autre au moyen des intercalations.

Un passage du *Bagavadam* va nous éclairer sur l'usage de ces mesures, & éclaircir la question des premiers âges indiens.

On lit dans cet ouvrage que 360 années des hommes

(1) Pline, *Histor. nat. Lib. VII*, *c.* 48, Tom. III, p. 183.
Solin Polyhistor, c. I.
S. Aug. *de Civit. Dei c.* 12.

(2) Freret, Mém. Acad. Inf. T. XVI, p. 540.

(3) Voyage de M. l'abbé Chappe en Sibérie, T. III, p. 19.

font ce qu'on appelle une année divine. Le premier âge fut composé de quatre mille ans divins, & il fut suivi d'un intervalle de 800 ans. Il dura en tout 4800 ans.

Le second âge fut composé de 3000 ans divins; suivi d'un intervalle de 600 ans, & il a duré en tout 3600 ans.

Le troisième âge a renfermé 2000 ans; suivi d'un intervalle de 400 ans, il a duré en tout 2400 ans.

Enfin le quatrième doit durer 1000 ans divins, & avec un intervalle de 200 ans, il durera en tout 1200 ans (1).

Si l'on multiplie ces années divines par 360, 4800 ans font. . . . . 1728000 jours.

3600. . . . 1296000

2400. . . . 864000

1200. . . . 432000

qui sont précisément les nombres d'années assignés, par M. le Gentil, Abraham Roger, le P. Beschi aux quatre âges indiens (2).

Il est donc bien naturel de croire que ces prétendus ans divins ne sont que des années composées d'une révolution du soleil ou de douze lunaisons, que l'on a réduites en jours, soit pour leur donner une durée plus longue & plus imposante, soit plutôt parce qu'ayant compté jadis par des jours, on a conservé la première manière de compter, & on a rapporté ainsi une mesure du tems à l'autre.

On objectera que des années de 360 jours ne sont point

---

(1) *Bagav.* Liv. III, p. 45.

(2) *Suprà*, p. lxxix.

dans la nature ; elles n'appartiennent à aucune révolution céleste. Nous pourrions répondre qu'une infinité d'auteurs font mention de cette espèce d'années dans l'antiquité, mais nous sommes bien éloignés de croire qu'elle ait jamais pu être en usage. En moins de trente-cinq ans l'ordre des saisons y auroit été renversé ; l'hiver seroit tombé dans les mois de l'été. Il n'est donc pas croyable que les hommes aient employé une révolution qui s'écarte si promptement des mouvemens célestes, & qu'ils en aient conservé l'usage pendant un tems aussi considérable que seroit, par exemple, le troisième âge indien de 2400 ans ; l'Astronomie indienne offre la solution de cette difficulté.

Les détails que nous avons donnés sur l'Astronomie indienne, font voir 1°. que cette année de 360 jours est fictive, & n'est réellement que l'année civile & lunaire, composée en apparence & dans le calcul de douze mois, chacun de trente jours, mais en réalité d'une durée totale de $354^j\ 8^h\ 48''$, & dont les Indiens de Siam, comme ceux de Chrisnabouram, font usage (1).

2°. Que cette forme d'année doit être la plus ancienne, puisque certainement des peuples qui auroient eu une année solaire très-exacte, n'auroient ni inventé ni adopté cette année lunaire avec toutes les réductions qu'elle exige pour revenir aux jours solaires & réels.

3°. Que cette année fictive de 360 jours est la seule

(1) *Suprà*, p. viij. *Infrà*, p. 5 & 35.

année de cette forme qui ait jamais pu exifter. Jamais les hommes n'ont pu penfer que la révolution folaire fût de 360 jours ; & s'ils l'avoient pu croire un moment, il n'auroit fallu que peu d'années pour les détromper. La notion de cette année, que l'on trouve dans un grand nombre d'auteurs, nous a fouvent embarraffés : fon invraifemblance nous empêchoit d'y croire ; mais cependant comment comprendre & expliquer cette année que nous retrouvons partout ?

L'explication fe trouve dans l'année indienne. Si les anciens Grecs nous parlent d'une année de 360 jours, c'eft que la connoiffance de cette année, répandue de proche en proche dans toute l'Afie, leur étoit parvenue ; mais ils en eurent la connoiffance fans en avoir le fecret, & ils prirent à la lettre le nombre de 360 jours. De là les efforts que les Grecs ont faits dans leurs commencemens & dans leur ignorance de l'Aftronomie, pour fe rapprocher de la véritable année folaire.

Nous faifons voir dans le traité de l'Aftronomie indienne que l'origine du zodiaque indien a dû être au premier degré du Capricorne au commencement du troifième âge ; il s'enfuit que l'année lunaire où les révolutions de la lune ont été la mefure du tems dans cet intervalle jufqu'au quatrième âge, où l'on a compté par années folaires ; & comme les années folaires de ce troifième âge font réduites en jours, ainfi que celles des deux premiers, il paroît naturel d'en conclure que fi dans le quatrième âge l'année folaire a été la mefure du tems, l'année lunaire dans le troifième, plus anciennement dans le premier & le ſecond âge, les jours ont été la meſure du tems ; & leurs révolutions d'un lever du ſoleil à l'autre, ont été priſes pour des années. Ces différentes meſures ſe ſont ſuccédées, & lorſqu'on en a établi de nouvelles, on n'a pas négligé de tenir compte des anciennes ; de là les différens calculs des mêmes intervalles.

Les quatre âges des Indiens, au lieu d'embraſſer quatre millions trois cent vingt mille années, ſont donc réduits à douze mille ans, & cet intervalle, ſans doute encore exagéré, ſe trouve reſſerré dans des bornes plus raiſonnables. On peut y appliquer la critique, pour achever de ſéparer ce qu'il y a de fabuleux de ce qu'il y a de réel dans cette chronologie ; mais cette chronologie mérite d'autant plus l'examen, que les 12000 ans aſſignés par les Brames à la durée du monde, identifient le calcul des Indiens avec celui des Perſes.

Les Perſes diſent que le Dieu ſuprême a fixé à 12000 ans la durée du monde ; ils partagent cet intervalle en quatre parties, chacune de 3000 ans (1). Ainſi les deux chronologies, plus ou moins fabuleuſes en elles-mêmes, ſont parfaitement ſemblables, ſoit dans leur durée entière, ſoit dans leurs ſubdiviſions. Nous n'avons pas un ſeul témoin, nous en avons deux pour l'authenticité des récits ; ce n'eſt pas la tradition particulière d'un peuple, c'eſt celle de deux peuples qui racontent le même fait, ſans s'être concertés, puiſqu'ils

(1) M. Anquetil. *Zend-Aveſta*, Tom. II, p. 352.

ont chacun leur hiſtoire à part, & qu'on peut dire en général que leurs fables ſont différentes.

Les Perſes ont donc, comme les Indiens, la diviſion des tems en quatre âges ; c'eſt cette diviſion communiquée ſans doute aux Grecs & aux Romains, qui nous a été tranſmiſe par Héſiode & par Ovide. Cette conformité eſt un trait ſingulier de reſſemblance, & une preuve que les peuples, en ſe ſuccédant, ont recueilli l'héritage de ceux qui les ont précédés, & n'ont fait que ſe copier les uns les autres.

Les Indiens diſent que chacun de leur âge a fini par un déluge (1), & ils doivent par conſéquent en compter au moins trois. Chacun de ces déluges a été univerſel, & Dieu a opéré une nouvelle création. Cette tradition eſt conforme à ce que rapporte Héſiode dans ſon poëme des Œuvres & des Jours. Jupiter crée & détruit ſucceſſivement quatre races d'hommes, qui ſont les quatre âges d'or, d'argent, d'airain & de fer (2) ; ces hommes ſont toujours plus méchans les uns que les autres. Les Indiens ont auſſi cette fable de la dégénération de l'eſpèce humaine ; dégénération à laquelle ils ont marqué quatre époques ſemblables qui ſont leurs quatre âges, & qu'ils ont figurée par un emblême différent, mais analogue à celui d'Héſiode & d'Ovide. La vertu repréſentée par une vache, ſe tenoit ſur quatre pieds dans le premier âge, elle en a perdu un à chaque âge, & ne ſe tient

(1) M. de Liſle, Extraits manuſcrits au dépôt des cartes de la Marine. Sonnerat, Voyage aux Indes, I, 281.

(2) Heſiode, *Opera & dies.*

plus aujourd'hui que sur un pied. Ces quatre pieds étoient la vérité, la pénitence (1), la charité & l'aumône. A la fin du premier âge, elle a perdu la vérité, dans le second, la pénitence a cessé, la charité s'est éteinte avec le troisième; il ne reste plus que l'aumône, qui n'est qu'une partie de la charité, mais qui, au milieu de la corruption, retrace encore quelqu'ombre des vertus qui n'existent plus (2). Cette fable est très-morale; les Indiens la présentent comme telle, & il seroit bien inutile de lui chercher une autre origine. Cette fable est en même tems philosophique & beaucoup mieux faite que celle de la dégénération de l'espèce humaine & de ses quatre âges figurés chez les Grecs par les métaux. Mais cette dégénération, qui fait également le fond des deux fables, la même division & le même nombre d'époques, doivent faire penser que ces deux fables ont été puisées à la même source.

Les Perses paroissent dans quelques-unes de leurs traditions, placer la naissance des hommes & le mélange des biens & des maux après six mille ans passés & dans la troisième division. Les deux races dont les Indiens nous donnent les générations, & qui commencent leur histoire, appartiennent de même à leur troisième âge.

On peut donc distinguer dans cette chronologie les deux derniers âges des deux premiers; les derniers sont accom-

(1) Nous avons conservé le mot employé par le traducteur; mais il y a lieu de croire que la pénitence est là pour le repentir.

(3) *Bagav.* Liv. III, pag. 44, Liv. XII, p. 218.

pagnés de détails qui ſemblent les témoins de la vérité; ils offrent une filiation ſuivie, qui ſemble appartenir à la certitude hiſtorique. Les deux premiers ſont couverts d'une obſcurité qui permet de les reléguer au rang des fables, ou du moins de regarder ce qu'on en rapporte comme des récits exagérés, & où le goût du merveilleux a peut-être entièrement altéré la vérité.

Cependant ces récits des deux premiers âges, tout fabuleux qu'ils peuvent être, trouvent de l'appui chez d'autres nations de l'antiquité. On trouve dans quelques livres orientaux la tradition de deux eſpèces de créatures nommées les Dives & les Peris; ces Dives & ces Peris ont régné ſur la terre avant Caiumarath, qui fut le premier homme chez les Perſes. Les Dives & les Peris, quels qu'ils ſoient, paroiſſent donc avoir précédé les Perſes; & il ſemble que ces hiſtoires ou ces fables ſoient celles de leurs auteurs.

On pourra dire que cette tradition n'eſt point conſervée dans les véritables hiſtoriens Perſans, & qu'elle ne ſe trouve que dans les romans. D'Herbelot rapporte qu'il eſt fait mention de ces deux eſpèces de créatures dans l'hiſtoire de Tahmurath écrite en Turc (1). Nous conſentons que cette hiſtoire ſoit regardée dans l'Aſie comme un roman, & nous ne croyons pas qu'il en réſulte une difficulté inſoluble. Cette circonſtance ne nous empêche pas de regarder les Dives & les Peris comme des hommes & des peuples réels, malgré

(1) Article *Giaz*. p. 396.

toutes

toutes les chimères dont le tems & le goût du merveilleux ont revêtu leur exiſtence. Ce ſont les hommes des tems anciens, ce ſont les peuples qui ont précédé les Perſes. Voici nos raiſons : 1°. nous penſons que toute notion hiſtorique qui s'eſt conſervée long-tems parmi les hommes, doit repoſer ſur quelque vérité. Les hommes ne ſe concertent point pour établir des menſonges. Si quelque individu a intérêt à les créer & à les ſoutenir, les intérêts ceſſent, le menſonge tombe avec eux & la vérité reprend ſes droits ; il n'y a que la vérité qui dure avec le tems. 2°. Le ſilence des hiſtoriens Perſans ne peut pas fonder une preuve ſuffiſante ; ils font commencer l'hiſtoire de Perſe à la dynaſtie des Peiſchdadiens & à Caiumarath qui en eſt l'auteur. Les Dives & les Peris qui ont précédé Caiumarath ne doivent point paroître dans cette hiſtoire, ils ſont au-delà du terme où commencent les hiſtoriens Perſans ; & la ſeule concluſion qu'on puiſſe tirer de leur ſilence, c'eſt que ces hiſtoriens ont regardé comme fabuleux tout ce qui a précédé cette époque. Mais ce que les hiſtoriens regardent comme fabuleux n'eſt pas toujours faux ; les tems fabuleux de la Grèce renferment des faits hiſtoriques vrais. Il me ſemble que l'on ne doit entendre par cette expreſſion que la partie de l'hiſtoire qui manque de monumens, où les faits tranſmis par la tradition, ſont dépouillés de leurs preuves, & où ils ſe préſentent ſans autre autorité que celle du ſouvenir des hommes. Les hiſtoriens exacts les rejettent de l'hiſtoire authentique ; mais de ce que ces faits ſont ſans preuves, il ne s'enſuit pas qu'ils ſoient ſans réalité : & il eſt très-poſſible qu'en les appuyant de pluſieurs traditions réunies, on ſupplée au défaut de preuves & on les rende dignes de figurer parmi les faits hiſtoriques, ſur-tout pour les tems anciens où la critique doit être moins difficultueuſe, & où la philoſophie doit ſe contenter de faits probables. 3°. Si la mention des Peris ne ſe trouve que dans les romans perſans, il ne s'enſuit pas que cette mention ſoit fauſſe. Les romans n'ont pas été dans les commencemens ce qu'ils ſont aujourd'hui, des aventures inventées & attribuées à des perſonnages imaginaires. Les hommes des premiers tems de la ſociété n'auroient point écouté des menſonges puérils. Leur premier ſoin a été de conſerver des vérités; ils ne ſe ſont ſouvenus que des faits. Lorſque l'obſcurité a couvert les tems paſſés, il n'eſt reſté dans la mémoire que des noms célèbres & des faits confus; l'imagination a ſuppléé à ce qui a été oublié, le goût du merveilleux a mêlé de brillans menſonges à des vérités antiques : & il en a réſulté un récit qui n'a été ni une hiſtoire ni un roman, un récit faux dans une partie de ſes circonſtances, mais vrai par le fond. Nous avons des romans de cette eſpèce, où les noms & les faits principaux ſont vrais, où quelques vérités de l'hiſtoire ont été conſervées. Tels ſont ceux des Chevaliers de la Table ronde & des douze Pairs de Charlemagne, les romans de Pharamond & de Cléopâtre de la Calprenede. On ne peut révoquer en doute les héros de ces romans, quoiqu'on ne croye pas à leurs aventures imaginaires. Il en eſt à peu près de même des anciens livres où il eſt queſtion des Peris. Les premiers auteurs de ces récits ont recueilli d'anciennes traditions; l'admiration pour quelques noms célèbres qui avoient ſurvécu, la mémoire qu'a laiſſée après lui un peuple puiſſant, en ont fait des génies & des créatures d'une eſpèce ſupérieure à l'homme. Mais ce merveilleux n'ôte rien à la vérité des traditions fondamentales, comme les faits incroyables & ſurnaturels que les romans attribuent à nos anciens chevaliers, n'empêchent pas que ces chevaliers n'aient exiſté. Les romans perſans n'auroient pas ſans doute aſſez d'autorité pour établir l'exiſtence des Perſes; mais cette exiſtence, loin d'être regardée comme chimérique, peut acquérir une grande probabilité, ſi les principaux faits qu'on raconte de ces peuples, les tems de leur règne & de leur chronologie ſe trouvent appuyés & confirmés par les traditions de quelques autres peuples. 4°. Le mot Dive ſe retrouve dans la langue & dans la tradition indienne. Il eſt évident que le mot Devata & le mot Dive appartiennent à la même racine. Les Dives des Perſes ſont donc les Pidar Devata des Indiens; ces Devata pour qui un mois n'étoit qu'un jour, c'eſt-à-dire une nation qui régloit les tems civils par les révolutions de la lune. 5°. La mention des Peris ne ſe trouve pas ſeulement dans l'hiſtoire de Tahmurath, un des anciens rois de Perſe, hiſtoire qui dans le pays peut être regardée comme un roman. D'Herbelot cite encore le *Tarikh Thabari*, ou la chronique d'Abugiafar; & il ajoute qu'Ebn Kalekhan a écrit que cet hiſtorien eſt fidelle

& exact dans ce qu'il rapporte (1). La chronique d'Abugiafar est une histoire comme une autre ; on y a recueilli des traditions, & tout ce qu'on peut en dire, c'est que, comme toutes les histoires, elle est moins sûre pour les tems anciens que pour les tems modernes. Mezeray, dans son histoire Avant Clovis, rapporte les conjectures de quelques auteurs sur l'origine des Francs, & il ajoute : « je sais que » tout ce narré est plein de fables & d'anachronismes ; » mais je suis persuadé qu'il n'y a guères de vieux contes » qui n'ait quelque fondement dans la vérité ; & que c'est » l'aimer en effet, que de la chercher jusqu'au milieu des » erreurs & des fausses circonstances, à dessein de l'en » dégager » (2). Nous pensons comme Mezeray ; nous croyons qu'il peut y avoir quelque vérité dans les traditions antérieures à Caiumarath, comme dans celles des tems plus anciens que Clovis ; & nous croyons être suffisamment fondés à regarder les Dives & les Peris comme d'anciens peuples qui ont précédé les tems historiques de la Perse.

Cela posé, nous remarquons que les deux premiers âges indiens, en supprimant les intervalles, ont duré 7000 ans ; & en y ajoutant le second âge qui, sans intervalle, est de 2000 ans, la durée de ces trois âges est de 9000 ans. La chronique d'Abugiafar raconte que Dieu, avant la naissance d'Adam, créa les Dives & leur donna le monde à gouverner pendant l'espace de sept mille ans ; après lequel tems les

(1) Herbelot, p. 298, 306, 1014.

(2) Edition d'Amst. 1712, p. 194.

Peris leur avoient succédé pendant deux autres mille ans (1). Les deux premiers âges indiens sont donc le règne des Dives, & le troisième est le règne des Peris ; l'ordre des successions & la durée de ces empires s'accordent avec les traditions indiennes.

Les traditions antiques, recueillies par Platon dans son Timée, portoient que tout ce qui s'étoit passé depuis 8000 ans, étoit écrit dans les livres sacrés de Saïs ; & le prêtre qui fait ce récit, ajoute qu'il exposera en abrégé ce qui s'est passé pendant 9000 ans (2). C'est donc toujours le même nombre de neuf mille années que l'on retrouve chez les Indiens, les Perses & les Egyptiens. La tradition chinoise semble aussi avoir conservé quelque notion confuse de ces premiers âges ; ces traditions admises ou réfutées à la Chine, cela est égal ici, disent que le ciel a été plus de 10000 ou 10800 ans à se former (3). La somme des trois premiers âges indiens, avec les intervalles, est précisément 10800 ans. Or, comme les Chinois ne connoissent rien de plus ancien que leur empire, comme ils pensent que cet empire a été fondé l'an 2953 ans avant notre ère, dans les deux premiers siècles du quatrième âge indien, il n'est pas extraordinaire que les traditions obscures & antérieures, les 10800 ans des trois premiers âges soient pour eux le tems que le ciel a mis à se former. Ces traditions devenues absolument inin-

(1) Herbelot, art. Dive, p. 298.

(2) Platon, Timée.

(3) Discours prélim. du *Chou-king*, p. lij.

telligibles à la Chine, ſont admiſes ou réfutées par des gens qui ne les entendent pas plus les uns que les autres.

Nous ſavons en général le peu de cas qu'on doit faire des fables accumulées par les Bonzes dans les récits de l'antiquité chinoiſe; mais les fables renferment quelquefois des débris de l'hiſtoire. Peut-être en eſt-il quelques-unes à la Chine que l'on ne mépriſeroit pas, ſi on les connoiſſoit mieux. Je vois que dans le tableau chronologique qui eſt à la tête de l'Hiſtoire de la Chine par le P. de Mailla (1), on nous parle de trois familles qui ſe ſuccédèrent : les Tien-hoang ou rois du ciel, qui furent au nombre de treize & régnèrent chacun 18000 ans; les Ti-hoang ou rois de la terre, au nombre de onze, qui régnèrent chacun 18000 ans, en tout, les deux races, 432000 ans (2); les Gin-hoang ou rois des hommes, partagés en dix ki ou familles dont les ſix premières contiennent 78 générations (3), & les quatre dernières un nombre d'autres générations qui vont juſqu'à Fohi. Les premiers de ces Gin-hoang étoient neuf frères, qui partagèrent la terre en neuf portions, où ils régnèrent chacun ſéparément.

Ce récit a pluſieurs traits d'analogie avec les traditions de quelques peuples, & ſur-tout avec la chronologie indienne. 1°. cette diviſion en rois du ciel, rois de la terre & rois des hommes, eſt analogue à celle des Grecs, & ſur-tout des Egyptiens en règnes des dieux, des demi-dieux & des hommes :

(1) Tom. I, p. 1.

(2) Diſ. prél. du *Chou-king*, p. lvj, lxvij.

(3) Hiſtoire de la Chine, Table, chronol. I, p. 1.

à celle des Perſes, qui placent également avant l'eſpèce humaine deux autres eſpèces de créatures, les Dives & les Peris : enfin à celle des Indiens qui ont auſſi ces deux eſpèces, les dieux, les Pidar Devata qui ont exiſté avant les hommes.

2°. On ſe rappelle que les nombres d'années des quatre âges indiens diminuent de l'un à l'autre de 432000 ans ; on ſe rappelle encore que Béroſe ayant dit que les tems écoulés avant le déluge ſont de 120 ſares, & ayant évalué le ſare à 3600 ans, il en réſulte une durée de 432000 ans (1). Or, comme ce nombre n'a rien qui appartienne à la nature ni terreſtre, ni céleſte, & qui puiſſe, en fixant les idées des différens peuples, être également ſaiſi dans tous les pays, il eſt aſſez extraordinaire que ce nombre précis de 432000 ans ſe retrouve également chez les Chaldéens, les Indiens & les Chinois.

3°. Nous obſerverons que les Indiens ont, comme nous, des ſemaines de ſept jours, déſignées, comme chez nous, par les planètes, & dans le même ordre ; diviſion du tems à laquelle ils font une grande attention, puiſqu'ils ont ſoin, lorſqu'ils ont calculé le nombre des jours écoulés de leur caliougam, de diviſer par ſept, afin d'avoir le quantième de la ſemaine. Il y a plus, ils ne peuvent pas déterminer le jour de la ſemaine, ſans avoir le nombre des ſemaines écoulées dans l'âge caliougam ; ils ſont donc toujours en état d'en tenir compte, & il eſt très-poſſible que

(1) Sincelle, pages 17, 30, 38.

cette petite période de ſept jours ait été jadis au nombre des révolutions qui ont meſuré le tems & qui ont porté le nom d'années. On voit même que les vingt-huit conſtellations du zodiaque chinois ſont marquées par les ſept planètes répétées quatre fois (1). Ces planètes ſont préciſément dans le même ordre que nous employons pour nommer les jours de notre ſemaine. Ce n'eſt pas ſans deſſein qu'elles ont été placées ainſi, & qu'elles ont été répétées quatre fois pour embraſſer le nombre des conſtellations. Nous croyons pouvoir conclure que chacune de ces conſtellations appartenoit à un jour de la lune dans une révolution de vingt-huit jours, & dont les quatre ſemaines étoient les ſubdiviſions. Les Chinois ou leurs auteurs paroiſſent donc avoir eu l'uſage de cette révolution lunaire à l'égard des étoiles, ou à l'égard de l'apogée, de vingt-huit jours en nombre rond, & l'uſage des ſemaines de ſept jours. Cela poſé, les 1728000 & les 1296000 jours des deux premiers âges indiens étant ajoutés, on a une ſomme de trois millions vingt-quatre mille jours; & ſi on ſuppoſe que les 432000 ans des deux premières races chinoiſes ſoient des ſemaines de ſept jours, ſi on multiplie par ſept ce nombre 432000 pour le réduire en jours, on aura 3024000 jours, & préciſément le nombre des jours accumulés des deux premiers âges indiens. Il ſeroit bien ſingulier que le haſard produisît de pareils rapports, ſi ces nombres n'appartenoient pas à la même tradition; & il

(1) Mém. Acad. Scien. P. VIII, p. 553.

ſemble

ſemble qu'on puiſſe conclure de cette identité que les deux premières races chinoiſes des Tien-hoang & des Ti-hoang ſont abſolument analogues aux deux premiers âges Indiens, & au règne des Dives chez les Perſes.

4°. Les Gin-hoang, qui ſont la troiſième race, doivent donc appartenir au troiſième âge indien; & il eſt remarquable que cet âge étant rempli chez les Perſes par une eſpèce de créature & par un peuple qui portoit le nom de Peris, le nom de *Gin*, qui eſt appliqué à la Chine aux hommes de ce tems, ſoit préciſément celui que les Arabes donnent aux Peris; & d'Herbelot ajoute que les Perſans les appellent *Ginnian* & les Turcs *Gin-ler* (1). Il paroît donc que ce nom de *Gin* a été univerſel dans l'Aſie pour déſigner les hommes qui vivoient dans le troiſième âge indien.

5°. Cet intervalle des Gin-hoang, qui répond au troiſième âge indien, eſt partagé en dix autres intervalles nommés *ki;* & ces traditions ou ces fables chinoiſes comptent ſoixante & dix-huit générations dans les ſix premiers ki, comme les Indiens les comptent dans le troiſième âge. Il faut à la vérité que les quatre autres ki ſoient compris dans l'intervalle entre l'an 3102, commencement du quatrième âge, & l'an 2953, où commence le règne de Fohi. Mais il eſt poſſible qu'il y ait quelque confuſion dans ces récits; & c'eſt beaucoup que d'y appercevoir des traits de reſſemblance avec des traditions mieux conſervées & plus ſuivies.

(1) Herbelot, Bibl. orient. art. *Gian*. p. 396.

6°. On trouve cette ressemblance dans la circonstance des neuf frères Gin-hoang, qui partagent la terre, c'est-à-dire le monde alors connu, & qui règnent chacun dans une de ces portions. On lit dans l'Histoire de l'Inde qu'un de leurs plus anciens rois nommé Acnydrouven, petit-fils de Souiambou manou, premier des hommes, eut neuf fils qui régnèrent dans les navacandam, ou neuf parties de la terre alors nommée jambam (1). Ce fait est très-remarquable, & la conformité des nombres semble décisive pour l'identité des deux hystoires. On peut donc en conclure que les fables des Tao-sse, dont on ne peut ni admettre ni lire les détails puérils & absurdes, contiennent cependant quelques faits de l'ancienne Histoire de l'Inde, & la notion confuse des trois premiers âges indiens.

Nous ne pensons point que les traditions sur les deux premiers âges indiens soient authentiques, & qu'on doive les admettre sans de grandes modifications; mais en les jugeant fabuleuses, ou en les regardant comme mêlées de fables & de vérités, comme sur-tout marquées au sceau de l'exagération, nous voyons que ce sont des fables universelles, que l'on retrouve également chez les Indiens, les Perses, les Chinois & les Egyptiens; nous n'examinons & ne concluons ici que la similitude des récits.

En abandonnant ces deux premiers âges à la fable, & passant au troisième, on trouve que le règne des Peris chez

(1) *Bagav.* Liv. V, p. 87.

les Perſes eſt ſur la même ligne que le troiſième âge indien. Les Peris ſont les ancêtres des Perſes, comme les deux familles du Soleil & de la Lune ſont les auteurs ou les prédéceſſeurs des Indiens du quatrième âge.

Que les Peris ſoient antérieurs aux Perſes, c'eſt ce dont il n'eſt pas poſſible de douter ; le témoignage des traditions orientales eſt formel à cet égard. Le dernier roi des Peris fut Gian-ben-gian. L'hiſtorien de Tahmurath rapporte que dans l'épitaphe de Caiumarath, le plus ancien de tous les rois de Perſe, on liſoit : « qu'eſt devenu le » peuple de Gian-ben-gian ? Regarde ce que le tems en » a fait » (1).

Que les Peris ſoient les ancêtres des Perſes, c'eſt ce qui ſemble indiqué par la conformité de leurs noms. Le nom de la Perſe eſt *Fars* (2) : elle eſt nommée *Paras* dans l'écriture (3) ; nous la nommons *Perſe* aujourd'hui. Tous ces noms ſont identiques ; le changement du *p* en *f* eſt familier à la langue perſanne, où l'on dit *isfahan* comme *ispahan* (4). Sur les cartes anciennes on trouve entre la Perſe & l'Inde une ville nommée *Para ;* & ſur les cartes modernes, au-deſſous du pays dont Kabul eſt la capitale, un peuple nommé *Pervians* (5). Les anciens citent un peuple dans la Sog-

(1) Herbelot, Bibl. orient. p. 396.

(2) *Ibid.* p. 341.

(3) Damville, Géog. anc. Tom. II, p. 268.

(4) *Ibid.*

(5) Carte de M. Damville, *orbis veteribus notus ;* & Cart. mod. de l'Aſie : long. 80°. lat. 34°.

diane ou dans la Perside, nommé *Pariani* ou *Paricani* (1). Thevenot parle d'un pays situé dans les montagnes voisines de Candahar, & nommé *Periæ* ou *Pays des fées*, c'est-à-dire, des Peris (2). Ce pays est limitrophe de la Perse & de l'Inde : c'est là que se réunissent les origines des Indiens & des Perses ; & en même tems qu'il paroît naturel de croire que les Perses ont succédé aux Peris, & qu'ils en ont tiré leur nom, il semble qu'on doive conclure que les ancêtres communs des Perses & des Indiens sont les races qui ont vécu dans le troisième âge.

Le troisième âge des Indiens, où se trouvent ces origines communes, mérite donc d'être examiné. Nous l'avons réduit de 864000 ans, qui ne sont que des jours, à 2400 ans lunaires de 360 jours chacun. Nous observerons que les détails chronologiques du *Bagavadam* sont conformes à cette durée ; car elle renferme soixante & dix-huit générations qui, suivant l'évaluation ordinaire de 30 ans pour chaque génération, font 2340 ans. La durée réduite, en établissant que les années du troisième âge ne sont que des jours, est donc la même que celle qui résulte du nombre des générations. Le récit indien porte donc sa preuve avec lui ; le nombre des générations & la durée de l'intervalle se rendent mutuellement témoignage, & leur accord semble être la démonstration d'une vérité historique.

---

(1) Pomponius Mela, *Lib. I*, *c.* 2. Herodote, *Lib. III*, *c.* 94. Pline, *Lib. VI*, *c.* 16.

(2) *Zend Avesta*, T. I, P. II, p. 267.

La chronologie indienne des deux derniers âges compte

pour le troiſième.	2000 ans
pour l'intervalle.	400
pour le quatième âge juſqu'à notre ère.	3100
	5502

Cette chronologie, en partant de notre ère, remonte donc juſqu'à l'an 5502 avant J. C.

Si l'on ajoute les 400 ans d'intervalle aux 3102 ans, on aura 3502 ans écoulés entre le troiſième âge indien & l'ère chrétienne.

Selon M. Anquetil (1), Kaiomorth a régné.	30 ans.	
La dynaſtie des Peiſchdadiens.	2421ª 7ᵐ	
Celle des Kéaniens, en retranchant les quatorze ans d'Alexandre.	718	
Depuis Alexandre juſqu'à notre ère. .	331	(2)
Total.	3500 7	

Cette chronologie place donc Kaiomorth 3501 ans avant notre ère, & donne une époque abſolument conforme à celle de la fin du troiſième âge indien ; mais ſi l'on ajoute à ces 3501 ans les 2000 ans du règne de ces Peris qui ont précédé toute la chronologie des Perſes, on aura une ſeconde date de l'an 5501, & une ſeconde époque qui ſera parfaitement identique avec celle du commencement du troiſième âge indien. Cette chronologie ſemble confirmée

(1) *Zend Aveſta*, T. II, p. 421, 422.

(2) Mém. Acad. Inſc. T. XXXI, p. 44.

par ce que Georges Chryſococca nous a donné de l'Aſtronomie des Perſes ; il nous apprend que l'ère d'Ieſdegird, fixée à l'an 632 de notre ère, répondoit à l'an du monde 6139 (1). Si ce calcul appartient aux Perſes, ils remontoient donc à l'an 5507 avant notre ère. Riccioli rapportant dans ſa chronologie les différentes opinions ſur la durée de l'intervalle entre la création du monde & l'ère chrétienne, dit que, ſuivant les Perſes, cet intervalle étoit de 5506 ans (2) ; ce qui, à ſix ans près, s'accorde avec la chronologie précédente : & ce qui peut faire croire que les Perſes, de leur propre aveu, comptoient le tems des Peris dans la durée du monde.

Il eſt bien remarquable de trouver chez les Indiens & chez les Perſes les deux mêmes époques de l'an 3500 & de l'an 5500 : cette conformité eſt une grande preuve de l'authenticité des traditions indiennes ; mais les nations voiſines peuvent nous offrir encore d'autres preuves ; nous allons conſulter ſur ce point les antiquités de l'Egypte & de la Chaldée.

Nous établirons d'abord que les anciens ont meſuré le tems par les révolutions de la lune, & ont compté les mois pour des années ; Diodore de Sicile le dit formellement des Egyptiens (3). Nous avons fait voir que les Indiens rangent la révolution de la lune au nombre des meſures du tems,

(1) Bouillaud, Aſtr. philol. p. 214.

(2) Riccioli, chronolog. p. 292.

(3) Diodore de Sicile, *Lib. I, Sect. I*, §. 26, p. 30.

& qu'ils ont ſoin d'avertir qu'un mois eſt un jour pour les Pidar Devata. Le mot jour eſt là pour révolution ; il en faut conclure que ces Pidar Devata prenoient en effet les mois pour des années. Obſervons cependant que la plupart des Tables indiennes que nous avons eues ſous les yeux ne comptent point les révolutions de la lune à l'égard du ſoleil, mais ſa révolution à l'égard des étoiles, de $27^j\ 7^h\ 43'\ 13''$, ou à l'égard de l'apogée, de $27^j\ 13^h\ 18'\ 34''$. Les Indiens employent non ſeulement des années, mais de petites périodes de 248, de 3031, & de 12372 jours pour compter les tems écoulés de l'âge caliougam (1). Ces petites périodes comprennent un nombre de révolutions de la lune. On peut donc dire qu'ils meſurent le tems par la révolution de la lune à l'égard de ſon apogée, & qui eſt d'environ 27 jours & demi. C'eſt cette révolution qui jadis a été faite pour l'uſage civil de 28 jours en nombre rond, dont chaque jour a été marqué à la Chine, comme nous l'avons dit plus haut, par une des vingt-huit conſtellations, & qui partagée en quatre ſubdiviſions, a donné naiſſance aux ſemaines de ſept jours. Cet ancien uſage eſt atteſté par Vitruve & par Macrobe, qui nous diſent que la révolution de la lune eſt de 28 jours (2).

On en trouve des traces dans la tradition. M. Anquetil rapporte, d'après les Hiſtoriens de Perſe, que Caiumarath,

(1) *Infrà*, p. 84, 97.

(2) Vitruve, Arch. Liv. IX, c. 4. Macrob, *Somnium Scip.*, *Lib. I*, c. 19.

ou Kaiomorth, le premier roi Perſan, a régné 30 ans (1). D'un autre côté d'Herbelot dit que l'on donne ordinairement à ce prince mille ans de vie & 560 ans de règne; & il ajoute que Ferduſſi réduit les années de ſon règne, qui eut quelque interruption, aux trente dernières, tems où il reprit la couronne après la mort de ſon fils Sjamec, tué par les géans (2). C'eſt une ſingulière réduction à faire à l'hiſtoire d'un homme qui a vécu 1000 ans & régné 560 ans, de ne lui compter que 30 ans de règne. Cette inexactitude ſur la chronologie perſanne ne ſeroit pas d'accord avec les détails de la durée de chaque règne que l'on trouve dans cette chronologie. Ces différences peuvent s'expliquer d'une manière plus vraiſemblable. Kaiomorth, comme nous venons de le montrer, date, ſuivant l'hiſtoire de Perſe, de 3501, 400 ans avant l'âge caliougam & avant l'établiſſement des années ſolaires; ſon règne répond donc au troiſième âge indien, & au tems où nous penſons que l'on meſuroit le tems par des révolutions de la lune de 28 jours en nombre rond. Dans cette ſuppoſition, les 1000 ans de vie ſe réduiſent à 76 ans & huit mois ſolaires, ce qui eſt la vie ordinaire des hommes. Les 560 ans de règne ſe réduiſent à peu près à 43 ans, dont ſans doute les Perſans ne comptent que les 30 derniers, ſuivant l'opinion de Ferduſſi, & par des raiſons que nous ignorons. Sans cette réduction, on ne concevroit pas que les Perſes, jaloux de leur antiquité,

(1) *Zend Aveſta*, T. II, p. 353, 355. (2) Herbelot, art. Caiumarath, p. 243.

comme

comme tous les anciens peuples, n'eussent pas ajouté ces 1000 ans à la durée de leur empire. Mais ils ne l'ont pas fait, parce qu'ils savoient bien que les 1000 ans de vie faisoient seulement 76 ans, & les 560 ans de règne environ 40. Si l'on ajoute les 46 ans que les Perses ne comptent pas dans le règne de Kaiomorth, leur chronologie, en partant de la naissance de ce prince, remontera à l'an 5547.

Ce n'est pas tout, Georges le Syncelle, d'après Jules Africain, nous apprend que les Phéniciens se vantoient d'une antiquité de trois myriades d'années, ou de trente mille ans (1). D'un autre côté Hérodote rapporte que les prêtres d'Hercule à Tyr, lui dirent que le temple de ce dieu étoit aussi ancien que la ville, qui avoit 2300 ans d'antiquité (2). En supposant que les années, dont les Phéniciens se vantoient, fussent des révolutions lunaires, telles que nous les avons définies, 30000 fois 28 jours font 840000 jours, &, à très-peu près, 2300 ans, comme les prêtres de Tyr le dirent à Hérodote. Les Phéniciens avoient donc raison d'assurer qu'ils se connoissoient une antiquité de 3000 mois ou révolutions lunaires. S'ils les appeloient années, c'étoit une manière de parler, & pour se conformer à un ancien usage. Quand ils vouloient fixer leur antiquité en années réelles & solaires, ils disoient, comme à Hérodote 2300 ans. Hérodote né 483 ans avant J. C. (3), avoit peut-être 30 ans lorsqu'il voyagea dans la Phénicie; & l'on peut con-

(1) Syncelle, p. 17.

(2) Hérodote, *Lib. II*, *c.* 44.

(3) Mém. Acad. Inscrip. T. XXVI, p. 183.

jecturer que l'on comptoit à Tyr par des années solaires, depuis l'an 2753 avant notre ère. Les Indiens de Chrisnabouram ont des années de 364 jours (1); il est bien évident qu'on a eu l'intention de renfermer dans cette année & dans ce nombre de jours treize révolutions lunaires de 28 jours, formant ensemble 364 jours. Mais on n'a pu vouloir concilier ces deux révolutions, celle de la lune de 28 jours avec celle du soleil, que parce qu'elles avoient été l'une & l'autre employées : celle de la lune de 28 jours, antérieurement à celle du soleil de 365. Il nous semble que l'on peut légitimement conclure de ces autorités réunies que l'on a jadis compté par des révolutions lunaires de 28 jours, qui ont été prises pour des années.

On ne sera donc pas étonné de retrouver des années semblables en Egyte ; en Egypte, où Diodore de Sicile dit positivement que l'on comptoit les mois pour des années ; en Egypte, où les semaines de sept jours, marquées comme ailleurs par les sept planètes, annoncent l'antique usage des périodes de vingt-huit jours. Or l'ancienne chronique égyptienne comptoit 36525 ans : savoir, 30000 ans pour le règne du Soleil, 3984 ans pour celui des douze grands dieux, 217 pour celui des huit demi-dieux, enfin 2324 ans pour le reste du tems écoulé jusqu'à Nectanebus, ou jusqu'à la quinzième année avant l'époque d'Alexandre, c'est-à-dire, 346 ans avant J. C. (2).

(1) *Infrà*, p. 324.

(2) Syncelle, p. 51.

Nous ne nous arrêterons dans ce moment, qu'au premier intervalle. Les 36000 ans du règne du Soleil nous paroissent être, comme les 30000 ans de Phénicie, des révolutions lunaires. Ce grand intervalle, ce long règne du Soleil ne seroit donc que le troisième âge indien, qui aura duré 2300 ans solaires, ou 2342 ans lunaires, suivant les Egyptiens; & 2400 ans lunaires suivant les Indiens. Ce rapport est d'autant plus vraisemblable, que c'est la race du Soleil qui dans l'Inde remplit ce troisième âge, & que par conséquent cet intervalle a bien pu être nommé le règne du Soleil.

La notion de cet âge se retrouve également chez les Chaldéens qui comptoient 120 sares écoulés avant le déluge (1), c'est-à-dire, pour les tems qui correspondent au troisième âge indien. Il ne faut pas en croire, ni Bérose qui dit que le sare est de 3600 ans, ni le Syncelle qui évalue ces 120 sares à 432000 ans. On se tromperoit beaucoup si on croyoit pouvoir prendre ces années pour des jours, comme nous avons fait pour les années des quatre âges indiens. C'est une erreur dans laquelle sont tombés des chronologistes, Annianus & Panodore, cités par Syncelle (2). Le Syncelle n'approuve pas cette réduction, & il a raison (3). On pourroit l'adopter, si la tradition nous apprenoit seulement que le nombre des années étoit 432000. Mais elle

(1) Syncelle, p. 17, 30, 38.

(2) *Ibid.* p. 16, 78.

(3) Notes du P. Goar sur Syncelle, p. 11.

nous dit que ce nombre avoit été composé de 120 sares, chacun de 3600 ans; c'est au sare de 3600 ans que la réduction doit s'appliquer. Or avant de déterminer l'espèce des années de ce sare, il faut se rappeler que toute mesure du tems a été prise dans l'astronomie & fondée sur les mouvemens célestes. Que seroit-ce donc qu'une révolution de 3600 jours, ou, en comptant 360 jours pour une année, une période de dix ans, qui ne renferme aucune révolution céleste ? On peut affirmer que les Chaldéens n'ont point composé leur sare ni de 10 ans, ni de 3600 jours; sare étoit chez eux un nom générique qui signifioit révolution. Toute révolution a donc pu être nommée sare : un sare étoit de 3600 ans; un autre renfermoit 18 ans & 11 jours. M. Freret a eu l'idée ingénieuse de regarder ces 120 sares de Bérose comme des périodes chaldéennes de 6585 jours un tiers, ou de 223 mois (1). Cette idée est appuyée sur un passage formel de Suidas, qui dit que 120 sares font chez les Chaldéens 2222 ans (2). Ce passage de Suidas, restitué ou corrigé sur le manuscrit de la bibliothèque du roi, est exact & décisif (3). Nous avons montré que ces années sont lunaires (4). M. Freret remarque avec raison que les Chaldéens avoient deux périodes semblables, appelées *sares*, toutes deux composées de mois lunaires, dont l'une de 223 mois étoit astronomique, &

(1) Def. de la Chronol. p. 235.

(2) Suidas, art. Saroi, Tom. III, p. 289.

(3) Freret, Mém. de l'Ac. des Insc. T. XVI, p. 208.

(4) Hist. Astron. anc. p. 297.

l'autre de 222 mois, de 18 ans & demi, ou de 18 années lunaires dont la troisième étoit intercalée (1) : c'est le sare dont il est question ici. Il résulte évidemment du passage de Suidas, combiné avec celui de Berose, qu'avant le déluge ou dans les tems correspondans au troisième âge indien, 1°. on avoit la connoissance de l'année lunaire de $354^{j}\ 8^{h}$: 2°. qu'on avoit celle du sare de 222 mois, comme mesure du tems; & cette mesure supposant nécessairement la période astronomique de 223 mois ou de 6585 jours un tiers, il s'ensuit que cette période étoit alors également connue. Cette conclusion est conforme à celle que nous avons déjà tirée de l'Astronomie indienne, que le commencement du quatrième âge est l'époque des années solaires, & que dans le troisième âge qui a précédé, les tems étoient mesurés par des années lunaires & par des révolutions de la lune. 3°. Enfin il est évident que l'espace donné par les antiquités babyloniennes entre la création & le déluge, est le même que celui qui est donné par les Septante. Ils comptent, ainsi que l'historien Josephe, 2256 ans de la création au déluge (2).

Les 30000 ans attribués à la durée du temple du Soleil à Tyr, sont si semblables aux 30000 du règne du Soleil en Egypte, que l'on pourroit croire que la tradition du troisième âge indien avoit été conservée à Tyr comme en Egypte. Mais cette conjecture a besoin d'être autorisée par

(1) Freret, Mém. Ac. Inf. T XVI, p. 208. (2) Riccioli, Chronol. p. 292.

d'autres preuves, & en attendant, il faut s'en rapporter à ce que porte précisément la tradition phénicienne; elle semble désigner l'intervalle de tems qui a précédé Hérodote.

Quoi qu'il en soit, la durée du troisième âge indien est appuyée sur la durée correspondante de cet intervalle, donné de 2222 ans par les Chaldéens, & de 2256 ans par Josephe & les Septante. Si l'on joint à ces deux témoignages ceux qui résultent des 30000 années du règne du soleil en Egypte, & les 2000 ans du règne des Peris en Perse, on verra que l'existence & la durée du troisième âge indien sont établies sur les antiquités des six plus anciennes nations du monde, savoir, les Chinois, les Indiens, les Perses, les Egyptiens, les Chaldéens & les Hébreux; & on aura, suivant ces différens peuples, un tableau des différentes durées qu'ils donnent à cet intervalle, en exceptant les Chinois qui semblent en avoir conservé la mémoire, & non la chronologie.

Les Septante.	2256 ans
Les Chaldéens	2222
Les Egyptiens, règne du Soleil.	2340
Les Perses, règne des Peris.	2000
Avec l'intervalle indien.	2400
Les Indiens, troisième âge, race du Soleil.	2000
Avec l'intervalle.	2400
Par les soixante & dix-huit générations	2340

Si ces intervalles diffèrent, c'est que les peuples n'ont

pas tous compté de la même époque. Les différences ne peuvent faire aucune difficulté ; on ne doit pas s'inquiéter non plus ſi toutes ces années ſont ſolaires ou lunaires, ou ſi les unes ſont ſolaires tandis que les autres ſont lunaires, parce qu'il n'en réſulte jamais que de legères différences, & que les ſynchroniſmes établis dans cette haute antiquité, ne peuvent pas l'être, à quelques années près.

Il nous ſemble donc démontré, autant que les faits de cette haute antiquité peuvent l'être, qu'il y a eu un intervalle ſemblable à celui que nos livres ſaints comptent entre la création & le déluge, dont les Chinois, les Indiens, les Perſes, les Egyptiens & les Chaldéens ont conſervé la mémoire ; non ſeulement la mémoire de ſon exiſtence, mais celle de ſa durée, & avec une certaine conformité, en admettant, comme cela eſt vraiſemblable, que ces différentes nations partent de différentes époques. Il réſulte de cette concluſion, non pas ſeulement qu'il ſeroit injuſte de nier la réalité du troiſième âge indien, mais qu'il eſt raiſonnable d'admettre la réalité & la durée de cet âge, puiſqu'au témoignage des Indiens mêmes ſe joignent les témoignages conformes des plus anciennes nations du monde.

Il s'agit maintenant d'examiner la dernière diviſion de la chronologie indienne, c'eſt-à-dire, celle du quatrième âge. Nous ne pouvons l'examiner hiſtoriquement qu'en la comparant aux chronologies des peuples voiſins & contemporains. L'époque du caliougam eſt placée, ſuivant les Indiens, dans l'année 3102 avant notre ère. Cette antiquité d'un peuple civilisé, ayant un empire établi, & cultivant déjà les arts & les sciences, est sans doute très-grande ; mais on ne voit pas pourquoi on la refuseroit aux Indiens, tandis qu'on est forcé d'accorder à plusieurs autres peuples, ou cette antiquité, ou du moins une antiquité qui n'en diffère que de quelques siècles.

Suivant Callisthènes, les observations chaldéennes, faites à Babylone, remontoient à l'an 2234 avant notre ère (1).

Suivant le Syncelle, l'usage des années solaires y datoit de l'an 2473 (2).

Le témoignage d'Hérodote porte à croire que l'usage des années solaires a eu lieu à Tyr depuis l'an 2753 (3).

Nous avons fait observer, d'après M. Freret, que l'origine de la période sothique de 1460 ans devoit remonter à l'an 2782 (4). Si l'on ajoute ensemble les 217 ans du règne des huit demi-dieux de la grande chronique égyptienne, années qui sont évidemment des années solaires, les 2324 ans écoulés jusqu'à Nectanebus, & les 346 ans depuis ce prince jusqu'à J. C., on aura 2887 pour la date des années solaires en Egypte, un siècle avant l'établissement de la période sothique. C'est à cette date que les Egyptiens ont fixé leur année solaire de 365 jours ; année qui, en défaut d'un quart de jour, est devenue vague dans la véritable révolution

(1) Simplicius, *de Cœlo, comment.* 46.

(2) Syncelle, p. 78, 92.

(3) *Suprà*, p. cxxj.

(4) Hist. Astron. anc. p. 402.

du ſoleil. Il eſt naturel que les Egyptiens poſſédant cette connoiſſance de l'année ſolaire, étant attentifs à obſerver le lever de Sirius, ſe ſoient apperçus au bout d'un ſiècle que tous les quatre ans ce lever arrivoit un jour plus tard. Ils auront alors reconnu que leur année civile de 365 jours ne ſe trouvoit d'accord avec l'année ſolaire qu'au bout de 1460 ans.

Suivant l'Hiſtoire de la Chine, traduite par le P. de Mailla, Fohi eſt placé à la date de l'an 2953 avant notre ère; on connoiſſoit donc alors l'année ſolaire. On voit que ſous Yao les Chinois avoient déjà une année biſſextile (1). Nous avons montré dans l'Hiſtoire de l'Aſtronomie, que l'époque de la période de l'intercalation devoit répondre chez les Perſes à l'an 3209, lorſque γ du Bélier étoit dans 20° 23′ du Verſeau (2). Or cette période ſuppoſe la connoiſſance de l'année ſolaire de 365 jours un quart.

Ces dates de l'année ſolaire, qui ſemblent aſſez bien établies dans l'antiquité, concourent toutes à appuyer celle de l'âge caliougam, l'an 3102. Mais la durée de cet âge ne ſe trouve pas ſeulement dans le *Bagavadam*. Depuis notre travail commencé, & depuis même que cet ouvrage eſt ſous preſſe, nous avons lu une partie déjà publiée de la Deſcription de l'Indoſtan par le P. Tieffenthaler. Il offre pluſieurs liſtes des rois qui ont régné dans différens cantons de l'Inde, à

(1) *Chou-king* publié par M. de Guignes, p. 7 & 8.

(2) Hiſtoire de l'Aſtronomie ancienne, p. 354.

Caschemire, à Dehly, à Galeor, & dans la province d'Oude. On y voit que la famille du Soleil a régné à Galeor & à Oude (1); la race de la Lune, les Panduans à Dehly (2); le royaume de Caschemire fut peuplé par des Brames qui mirent sur le trône un fils du roi de Zambou; mais il n'est point dit s'il étoit de la race du Soleil ou de celle de la Lune (3). Les deux listes des rois de Galeor & d'Oude ne remontent qu'à l'an 278 de l'ère chrétienne (4), & ne peuvent nous rien apprendre sur la durée de l'âge caliougam. La liste des rois de Dehly, surnommés Panduans, & issus de la race de la Lune, offre des règnes dont la durée est marquée non seulement en années, mais en mois & en jours. Cette liste donne depuis Godeschtar, qui fut le premier roi jusqu'à Bikarmazit (5), soixante & dix rois dont les règnes embrassent 3145 ans 4 mois 21 jours; & cinquante-quatre rois depuis Bikarmazit jusqu'à Schehab-Uddin, qui ont régné 995 ans 2 mois 7 jours. M. Anquetil a inséré dans le discours préliminaire de sa traduction du *Zend Avesta* une

(1) La ville d'Oude est la même qu'Adjudea, p. 151. Gualier ou Galeor sont le même nom, p. 217.

(2) *Ibid.* p. 151.

(3) *Ibid.* p. 89.

(4) Le P. Tieffenthaler dit que Souradji Pal, premier roi de Gualier, régna l'an 332 de l'ère indienne, appelée l'ère de Bikarmatschet (p. 217). L'année 1759 étoit la dix-huit cent treizième de l'ère de Bekermadjit, (*Zend Avesta*, T. I, P. I, p. 330). Bikarmatschet date donc de l'an 54 avant J. C., & Souradji Pal de 278 de notre ère. Les rois d'Oude descendent du même Souradji Pal, & doivent avoir la même date (Description de l'Indostan, p. 306).

(5) On voit que Bikarmatschet, Bekermadjit, Bikarmazit sont le même nom différemment prononcé & différemment écrit.

liste de quarante rois qui ont régné 564 ans 1 mois 29 jours depuis Schehab-Uddin jusqu'à Humaioum, fils de Babor, l'an 1530 de notre ère, & de vingt rois qui ont régné 246 ans depuis Humaioum jusqu'en 1759 (1).

Depuis Godeschtar jusqu'à Bikarmazit. . .	3145 ans
Epoque de Bikarmazit avant notre ère. . .	54
Avant notre ère, époque de Godeschtar . .	3199
Jusqu'à Bikarmazit	3145
Jusqu'à Schehab-Uddin.	995
Jusqu'à Humaioum	564
	4704
Epoque d'Humaioum.	1530
Avant notre ère, époque de Godeschtar. .	3174
Jusqu'à Humaioum	4704
Jusqu'en 1759	246
	4950
	1759
Avant notre ère, époque Godeschtar. . .	3191

Et si l'on prend un milieu entre ces trois déterminations, on aura l'époque de Godeschtar, premier roi de Dehly, l'an. . . . . 3188 c'est-à-dire 86 ans avant celle de l'âge caliougam.

Remarquons que ces rois sont appelés *Panduans*, parce

(1) Descriprion de l'Indostan, pag. 151. *Zend Avesta*, Tom. I, P. I, p. 272. Herbelot, p. 456.

qu'ils ſont iſſus d'un prince nommé *Pand.* Ce prince eſt évidemment celui dont il eſt queſtion dans le *Bagavadam* (1), qui placé à la quarante-huitième génération de la famille du Soleil, eſt nommé *Pandou*, & ſes deſcendans *Pandavers*. Il paroît donc que c'eſt un prince de ſa race, qui, 86 ans avant l'âge caliougam, a fondé l'empire de Dehly. Ainſi cette liſte des rois non ſeulement confirme la durée de l'âge caliougam, mais la durée de l'âge précédent auquel cette filiation eſt liée par Pandou, ſon auteur.

Nous voyons que les ſoixante & dix premiers rois ont régné 3145 ans, ce qui ſemble beaucoup, & donne environ 45 ans à chaque règne, tandis que les cinquante-quatre autres rois n'ont tenu le ſceptre que 995 ans, ce qui ne donne qu'environ 18 ans par règne. Mais ſous un beau climat comme celui de l'Inde, dans les tems anciens, où les habitans ont été plus tranquilles, les hommes vivoient & les rois régnoient peut-être plus longtems; d'ailleurs nous ignorons comment ces annales ont été compoſées. Il eſt poſſible que ces longs règnes ſoient de courtes dynaſties où pluſieurs règnes ont été accumulés. Quand cette chronologie exiſteroit ſeule, on auroit de la peine à y renoncer, en voyant que, combinée avec celle qui a été donnée par M. Anquetil, on a une ſuite de règnes détaillés en années en mois & en jours, & cela pendant 4950 ans, c'eſt-à-dire, depuis l'an 3200 avant J. C. juſqu'à l'an 1759 de

(1) Liv. IX.

notre ère. Mais cette chronologie eſt conforme à celle du *Bagavadam*, qui dans des récits moins détaillés, embraſſe une durée abſolument ſemblable.

La liſte des rois de Caſchemire ne permet que des évaluations. Elle offre d'abord un intervalle de 653 ans dont les rois ne ſont pas nommés : enſuite cinquante rois nommés, mais dont les règnes, excepté quatre, ne ſont pas évalués : enfin depuis ce tems juſqu'à Bikarmazit, trente & un rois qui ont régné 1205 ans, ſuivant certains auteurs, ou vingt-cinq rois qui, ſuivant d'autres, ont régné 1008 ans (1). Nous prenons la plus foible de ces évaluations, & nous eſtimons les cinquante règnes chacun à raiſon de 30 ans :

Donc premier intervalle	653 ans
Cinquante règnes à 30 ans	1500
Vingt-cinq règnes juſqu'à Bikarmazit	1008
Juſqu'à notre ère.	54
Epoque de cette chronologie	3215

La chronologie de Caſchemire, en prenant tout au plus foible, nous conduit donc au-delà même de l'âge caliougam, & à une époque plus reculée d'un ſiècle. Cependant, en nous en tenant aux deux chronologies où nous n'avons pas été obligés de rien évaluer, on voit que les calculs généraux du *Bagavadam* & les calculs détaillés de la liſte des rois de Dehly, établiſſent également la réalité de l'époque du caliougam.

(1) Deſcription de l'Indoſtan, p. 89.

Nous avons vu avec plaisir que la chronologie insérée dans la Description de l'Indostan nous donnoit des résultats semblables à ceux que nous avions déjà établis avant de connoître cette Description. Mais nous pouvons citer encore une autre autorité, & ajouter à ces témoignages le résultat des anciennes traditions qui nous sont venues de l'Asie.

On lit dans une note de la traduction de l'Almageste de Ptolémée, faite par George de Trébisonde, & imprimée en 1541, qu'il s'est écoulé 3735 ans 10 mois 23 jours entre l'époque du déluge & celle d'Iesdegird ; & 1379 ans 3 mois entre l'époque de Nabonassar & cette même époque d'Iesdegird (1). L'époque de Nabonassar est fixée à midi le 26 Février 747 avant notre ère ; celle d'Iesdegird au midi du 16 Juin de l'an 632 de notre ère (2). Nous avons calculé les instans de ces deux époques à la manière indienne, c'est-à-dire, en cherchant le nombre de jours entiers écoulés depuis le commencement de l'âge caliougam, & nous avons trouvé 1363598 jours entre le commencement de cet âge & l'époque d'Iesdegird ; & 503425 jours entre l'époque de Nabonassar & celle d'Iesdegird. Or en réduisant ces jours en années de 365 jours seulement, & en mois égaux de 30 jours, suivant l'usage constant des Perses, des Chaldéens & des Egyptiens, on trouvera que 503425 jours font

---

(1) *Almag. Lib. III*, page 84, édit. 1541.

(2) *Vide infrà*, pages 114 & 246.

1379 ans 3 mois, & 1363598 jours 3735 ans 10 mois 23 jours, précisément comme le marque la note de George de Trébizonde, qui n'a pu nous donner ces rapports que d'après des connoissances prises dans l'antiquité.

Il en résulte donc 1°. que l'époque du déluge dont il nous parle, est celle du quatrième âge indien nommée caliougam: 2°. que l'intervalle des tems écoulés est celui même que les Indiens comptent dans leur chronologie & qu'ils calculent par leurs Tables astronomiques. 3°. Enfin il en résulte que ces trois époques de l'âge caliougam, de Nabonassar & d'Iesdegird, également célèbres dans l'Asie, étoient liées par des rapports donnés, & séparés par des intervalles connus; ce qui n'auroit pas eu lieu si l'époque du caliougam n'avoit pas été aussi réelle que les deux autres.

Nous avons montré qu'en ajoutant à l'époque caliougam les 400 ans d'intervalle qui la séparent du troisième âge indien, il s'étoit écoulé 3502 ans entre cet âge & l'ère chretienne; nous avons dit, d'après M. Anquetil, que les Perses comptoient également 3501 ans depuis leur Caiumarath, premier roi Persan. Suivant Hérodote, il s'est écoulé 11340 ans depuis Ménès, premier roi Egyptien, jusqu'à Sethon (1), 710 ans avant notre ère (2). Nous savons que les premières de ces années ne sont pas solaires, parce que Manethon nous a déclaré formellement que le règne des hommes n'avoit duré environ que 3555 ans jus-

(1) Herodote, *Lib. II*, c. 142.

(2) Freret, Def. de la chr.

qu'à la quinzième année avant le règne d'Alexandre (1). On voit donc que la chronologie qui compte 11340 ans, n'employe certainement pas des années solaires. Celles d'Hérodote sont sans doute des années d'Orus, les mêmes années dont parle Diodore de Sicile, & qui sont d'une saison ou de trois mois.

Les 11340 ans font.	2835 ans
Jusqu'à notre ère.	710
	3545

Cette époque, fournie par l'Histoire d'Egypte, diffère, comme on voit, très-peu de celles qui ont été tirées de l'Histoire de l'Inde & de la Perse; mais si on ajoute aux 3501 ans des Perses les 46 ans qu'ils ne comptent pas dans la vie de Caiumarath, il se trouvera que la naissance de ce prince l'an 3547, sera l'époque de Ménès l'an 3545 : de sorte que les deux monarchies, persienne & égyptienne, sembleroient avoir eu un premier roi commun.

Nous reprenons maintenant les cinq intervalles donnés par l'ancienne chronique égyptienne. Nous avons montré que les trois derniers étoient des années solaires; le premier des années d'un mois, ou plutôt de 28 jours. Il est fort naturel de croire que les 3984 ans du règne des douze grands Dieux sont des années de la même espèce. Alors les 3984 ans font 315 ans. En effet douze générations feroient 360 ans, & sur ce petit nombre il est

(1) Syncelle, p. 52.

aisé

aiſé que l'évaluation s'écarte de 45 ans. Cela poſé, en additionnant tous ces nombres :

Les 30000 du règne du Soleil.	2342	ans
Les 3984 des douze grands Dieux	315	
Les huit demi Dieux	217	
Années ſolaires juſqu'à Nectanebus	2324	
Juſqu'à notre ère.	346	
Total	5544	

La grande chronique égyptienne donne donc, à très-peu près, la même durée & remonte à la même époque que les deux Hiſtoires de la Perſe & de l'Inde.

Enfin l'hiſtorien Joſephe donne à la durée du monde écoulée avant notre ère 5555 ans (1).

Cette haute antiquité eſt donc atteſtée par les témoignages de quatre peuples différens :

Par l'ancienne chronologie égyptienne. . . .	5544	ans
Par la chronologie indienne.	5502	
Par la chronologie des Perſes.	5501	
Par la chronologie de Joſephe.	5555	

Nous demandons ſi ces faits identiques, ſi cet accord des récits des différens peuples peuvent permettre de révoquer en doute la chronologie indienne. Les témoignages de toutes les nations ſemblent ſe réunir pour atteſter la réalité & la durée des deux derniers âges indiens. Les Perſes nous offrent

(1) Riccioli, *Chronologia*, p. 290.

une chronologie parfaitement ſemblable, ſoit dans ſon enſemble, ſoit dans ſes détails, à celle des Indiens. Nous avons donc ici deux témoins. En même tems cette antiquité de 5500 ans, atteſtée par deux peuples, eſt celle que donne la grande chronique égyptienne convenablement réduite; & pour mettre le ſceau à la certitude de ces faits chronologiques, ces 55 ſiècles écoulés avant notre ère, ſont préciſément les tems comptés dans les antiquités judaïques de l'hiſtorien Joſephe. Il paroît donc que les Indiens & les Perſes, au milieu de leurs erreurs religieuſes, ont gardé, comme le peuple Hébreu, la mémoire des tems écoulés, mais avec moins de ſuite dans les faits de la tradition, & avec moins de fidélité dans les détails hiſtoriques.

Il réſulte de tout ce qui vient d'être expoſé, que la chronologie indienne préſente tous les caractères de vraiſemblance & même de vérité que l'on peut en exiger. Elle nous détaille d'abord 52 générations conſécutives qui deſcendent juſqu'au roi Paricchitou, à qui le *Bagavadam* eſt adreſſé. Sa poſtérité ſubſiſte encore pendant 26 générations; & ces générations forment, avec les 52 premières, 78 générations qui répondent aux 2400 ans du troiſième âge. Cet intervalle eſt celui qu'exige ce nombre de générations. L'évaluation que nous en faiſons ici eſt confirmée par le *Bagavadam*; on détaille ces 26 générations dans le XII livre (1).

(1) *Bagav.* Liv. XII, p. 215.

Elles sont comprises dans quatre intervalles dont la somme fait 748 ans ; ce qui donne, à peu-près, 29 ans pour chaque génération, & cadre assez bien avec l'évaluation ordinaire. On voit donc que le roi Paricchitou a précédé l'âge caliougam de 748 ans. On voit que vingt-six générations ayant eu cette durée, les soixante & dix-huit peuvent avoir eu ensemble les 2400 ans qu'on leur attribue.

Depuis le commencement de l'âge caliougam, le *Bagavadam* nous donne différens intervalles, qui étant additionnés, font une somme de 4629 ans (1). Si on en retranche 3102 ans pour la durée de cet âge avant notre ère, on verra que cette chronologie atteint l'an 1528 de l'ère chrétienne. C'est sans doute l'époque du dernier assujettissement, de la servitude absolue & universelle des Indiens. Tamerlan entra dans les Indes en 1397 ; son fils Scharouz y conserva quelque autorité, mais sa postérité n'y a été réellement établie que sous le règne de Babur, cinquième descendant de Tamerlan. Babur mourut en 1530, & son fils Humaïum Mirza lui succéda ; c'est la race d'où est sorti Aureng-zeb (2). La chronologie indienne a été continuée jusqu'à cette époque de l'an 1529. Nanden, dont elle parle, & qui est un des derniers rois nationaux, est sans doute quelque petit prince qui a régné malgré Tamerlan dans un coin de l'Inde. Mais lorsque le Tartare Babur est venu y

(1) *Suprà*, p. lxxxv.

(2) Herbelot, article *Babur*, page 163 ; & article *Timur*, p. 881.

ſiéger, ſon autorité a été pleinement reconnue, & ſon fils Humaium Mirza, monté ſur le trône en 1529 ou 1530, a régné ſans concurrent. Ce règne eſt l'époque d'une domination étrangère, & a mis un terme à la chronologie nationale. Les Brames n'ont plus marqué les tems; ils ne s'intéreſſent point à la ſucceſſion des conquérans, qui ſont d'une religion différente.

La chronologie de l'Inde embraſſe donc par une filiation ſuivie un intervalle de 7030 années. Aucune nation n'a eu l'avantage d'avoir exiſté ſi longtems ſur la terre, & d'avoir tenu compte de ſa durée; & dans la haute antiquité où remonte l'Hiſtoire indienne, les Egyptiens & les Perſes ſont les garans de ſa fidélité. Ils ont été les témoins de l'origine de cette chronologie, & nous voyons ſous nos yeux les raiſons qui l'ont bornée à l'an 1529. Enfin l'avantage le plus important que nous attribuerons aux Indiens, & celui qui dépoſe de l'authenticité de leur Hiſtoire, c'eſt que la durée de 7030 ans, qu'ils donnent à leur empire, s'accorde avec la chronologie de l'écriture priſe dans les Septante, & eſt parfaitement conforme à celle de Joſephe, quoique cet hiſtorien ne ſoit pas celui de tous les chronologiſtes qui faſſe le monde le plus ancien.

On voit donc que le *Bagavadam* peut renfermer des connoiſſances précieuſes. Il ne faut pas s'embarraſſer ſi ce livre eſt plein de fables; la fable eſt l'ancienne hiſtoire des hommes. La même tradition, qui nous a conſervé ces fables, nous a apporté les vérités antiques. Dans les tems où on n'écrivoit pas, les faits ont été répétés par tant de bouches, transmis par tant de générations, qu'il est facile de concevoir combien de mensonges ont dû s'y mêler, comment l'imagination a créé des chimères dans ces obscurités & tout embelli par le merveilleux. Mais ces embellissemens ont été attachés à un fond vrai; mais on n'a point osé toucher à la durée : la science des tems a été partout respectée; & cette fidélité est prouvée par la filiation des récits de la tradition indienne, par l'ensemble & les détails de la chronologie, où les familles sont suivies dans leurs générations consécutives & collatérales. Cette fidélité est encore prouvée par le synchronisme de ces faits avec les faits des peuples voisins.

Mais si la chronologie indienne présente un caractère de vérité, ou du moins de vraisemblance, dans l'ensemble & dans la suite des faits, dans l'accord de cette chronologie avec la chronologie des peuples de l'antiquité, les faits astronomiques ajoutent un grand degré de certitude à cette vraisemblance historique. La longitude que les Indiens assignent au soleil & à la lune dans l'instant de leur époque, nous a paru fondée sur une observation. Il en résulte que la date de leur quatrième âge, que leur époque de l'an 3102 avant notre ère est réelle; que les Indiens subsistoient alors en corps de peuple, & avoient déjà une astronomie. C'est un point fixe dans la durée de leur existence, & la vérité de ce point de leur chronologie dépose pour tous les autres. Cette conclusion est appuyée encore sur la profonde connoissance que les Brames ont eue des mouvemens du soleil & de la lune;

connoiſſance que l'on n'acquiert que par un grand nombre de ſiècles conſacrés à l'obſervation ; enfin les élémens de l'Aſtronomie des Brames, comparés aux réſultats de la théorie, témoignent qu'ils ont été déterminés dans le tems même de l'époque aſtronomique, ou même dans des tems antérieurs. La chronologie que nous venons de développer n'en impoſe donc pas ſur l'antiquité de la nation.

Ce n'eſt pas tout : l'année lunaire eſt chez les Indiens plus ancienne que l'année ſolaire, elle eſt fixée au ſolſtice d'hiver; les révolutions du ſoleil & de la lune ont toujours leur origine au premier point du zodiaque mobile. En combinant à la fois toutes ces circonſtances, on trouvera que lors de l'inſtitution du commencement de l'année au ſolſtice d'hiver, l'origine du zodiaque mobile devoit être dans ce ſolſtice, & répondre au premier degré du Capricorne. Or nous avons fait voir que, ſelon les Indiens, l'origine du zodiaque étoit l'an 3102 dans le ſixième degré du Verſeau. Ce zodiaque avance chaque année de 54″ à l'égard de l'équinoxe ; en 2400 ans il a dû avancer de 36 degrés, & au commencement du troiſième âge il devoit être en effet au premier degré du Capricorne & au ſolſtice d'hiver (1). Le commencement de cet âge eſt donc lié à une circonſtance aſtronomique. Il ſemble que ce ſoit alors qu'on a fixé l'origine de ce zodiaque & de ſon mouvement, qu'on a établi l'uſage des révolutions de la lune & des années lunaires pour meſurer

(1) *Infrà*, p. 210.

le tems. Les années solaires ont commencé avec le quatrième âge.

Nous voyons que les déterminations de la durée de l'année, de la révolution sidérale de la lune, de l'équation du centre du soleil, de l'obliquité de l'écliptique, comparées à celles que la théorie nous enseigne avoir dû exister dans les tems passés, se réunissent & nous conduisent toutes par un accord singulier, non seulement à l'époque de l'an 3102, pour trouver le tems de ces apparences célestes, mais au-delà, & à une époque plus reculée de 1200 ans. Cette dernière époque seroit précisément le milieu du troisième âge indien; & sans donner à ces évaluations plus de précision qu'elles n'en doivent comporter, on peut croire qu'en effet les déterminations astronomiques, qui fondent les Tables indiennes, ont été faites dans le cours du troisième âge, & ont préparé la nouvelle forme de l'Astronomie, qui de lunaire est devenue solaire. C'est à cette astronomie perfectionnée que l'on doit l'observation des longitudes du soleil & de la lune, qui font l'époque indienne, & tous les élémens du mouvement de ces deux astres; élémens dont l'accord avec la théorie nous a étonnés, & qui nous ont révélé, comme cette théorie les altérations qu'ont subies ces mouvemens, & les changemens que les attractions mutuelles des planètes introduisent dans le systême de l'univers.

A raison de 54″ par an, le zodiaque fait six degrés en 400 ans; l'origine de ce zodiaque s'est donc trouvée dans le premier degré du Verseau, l'an 3502 avant notre ère,

400 ans avant l'âge caliougam. C'eſt peut-être la raiſon de la diſtinction des quatre ſiècles que les Indiens retranchent de la durée du troiſième âge, & qu'ils regardent comme un intervalle qui ſépare le troiſième du quatrième. Cette date de l'an 3502 ſeroit donc encore une époque aſtronomique.

Obſervons que les Indiens, en nous diſant qu'un an n'eſt qu'un jour pour les Dieux, & qu'un mois n'eſt également qu'un jour pour les Pidar Devata, réuniſſent ces trois révolutions, jour, mois & an, ſous une même dénomination ; ce qui annonce une deſtination commune & un même uſage : d'où il paroît s'enſuivre que les dieux, les génies & les hommes, c'eſt-à-dire, trois différens peuples ou trois différentes races, s'en ſont ſervis ſucceſſivement, & ſous le même nom de jour pour compter les tems.

On peut ſoupçonner que dans les deux premiers âges on a compté par des jours. C'eſt par une continuation de cet uſage que les Indiens ont réduit en jours les quatre durées de leurs quatre âges, que les années du règne de Vulcain ont été comptées en jours, que les années des Babyloniens, depuis le commencement de leurs obſervations juſqu'à Epigènes, ont été également comptées en jours. Au troiſième âge indien, on commença à régler le tems par les révolutions de la lune, à compter par des mois & par des années lunaires de 360 jours. Les durées des âges furent auſſi-tot traduites ſous cette forme : En même tems on comptoit par des lunes de 28 jours ; & la famille indienne du Soleil en ayant trouvé 30000 dans la durée du troiſième âge, il en a réſulté la

tradition

conſervée en Egypte des 30000 ans du règne du Soleil. C'eſt par ce même uſage que les Tyriens aſſignoient trente mille années à un tems que, ſuivant un autre calcul, ils faiſoient de 2300 ans. Enfin au quatrième âge on a compté conſtamment dans l'Inde par des années ſolaires.

Nous ne nous preſſons pas de tirer les concluſions qui peuvent naître de ces rapprochemens ; elles appartiennent à un ouvrage dont les matériaux ſont déjà raſſemblés. Mais on peut croire que les ancêtres des Indiens ont employé ſucceſſivement ces trois manières de compter par des jours, des mois & des années ; & quoique l'Aſtronomie & la marche de l'eſprit humain enſeignent que les choſes ont dû ſe paſſer ainſi, il eſt curieux d'en retrouver des traces dans la tradition.

La chronologie des Indiens ſemble donc un ancien monument, & un monument revêtu de toute l'authenticité que l'on peut exiger de ces tems anciens ; aucun peuple exiſtant ne remonte ſi haut dans l'antiquité, & ne deſcend des premiers tems du monde, en embraſſant tant de ſiècles pour arriver juſqu'à nous. La nation indienne doit la durée de ſa longue exiſtence à l'indolence qu'elle a contractée dans les climats du midi. Comme elle n'a jamais fait de réſiſtance, elle n'a jamais été ni détruite, ni diſperſée ; elle s'eſt ſoumiſe ſans quitter ſes mœurs, ſans ſe déranger de ſes uſages, ſans ſe mêler aux conquérans. Elle eſt toujours ce qu'elle a été, gardant ce qu'elle a, n'enviant point ce que les autres poſſedent, & voyant avec indifférence, avec dédain même,

& nos livres, & nos inſtrumens, & nos connoiſſances. C'eſt par cette obſtination aveugle qu'elle a gardé & ſes traditions & les ſciences dont elle étoit dépoſitaire. Cette nation eſt donc propre à nous inſtruire, non ſeulement de la durée du tems qu'elle a vu s'écouler, mais de l'ancien état des ſciences qu'elle a reçues de ſes auteurs & qu'elle a religieuſement conſervées. Les faits de la chronologie ſont ici enchaînés aux vérités de l'Aſtronomie : c'eſt parce que les Indiens ſont anciens ſur la terre, qu'ils ont eu le tems de perfectionner cette ſcience ; & c'eſt parce que leur Aſtronomie eſt perfectionnée, qu'ils ſont évidemment un des plus anciens peuples du monde.

Mais cette Aſtronomie cultivée pendant tant de ſiècles, cette maſſe de connoiſſances jadis acquiſes au centre de l'Aſie, & ſur-tout cette année ſolaire, dont l'exactitude eſt ſi néceſſaire pour fonder le calendrier, prévoir les ſaiſons & régler les travaux de l'agriculture, ont dû influer néceſſairement ſur les connoiſſances de toutes les nations. On en doit retrouver des traces dans leurs uſages & dans leurs inſtitutions ; & cette influence dont nous allons nous occuper dans la troiſième partie, fera le complément des preuves que nous avons recueillies de l'antiquité des Indiens.

TROISIEME PARTIE,

De l'influence de l'Aſtronomie indienne ſur les connoiſſances & les inſtitutions des peuples anciens.

La détermination de la durée de l'année ſolaire, quand elle eſt portée à une certaine préciſion, eſt le chef-d'œuvre de l'Aſtronomie perfectionnée; elle eſt au moins celle qui dépend le plus du tems: c'eſt le tems qui fait diſparoître les erreurs inévitables des obſervations, en partageant ces erreurs ſur un grand nombre de révolutions. On peut juger de la difficulté de cette détermination en conſidérant les différentes durées de l'année dans les différentes époques des ſiècles paſſés. La ſcience des Egyptiens ſur ce point, ſe réduit à avoir connu le quart de jour qui complette les 365 jours de l'année (1). Ptolémée vit qu'il falloit diminuer cette durée, mais il s'y trompa de $6'\frac{1}{2}$; Albategnius s'écarta encore de $2'\frac{1}{2}$ de la vérité (2); enfin les Aſtronômes du roi Alphonſe, dans le XIII ſiècle, ont établi cette durée de $365^{j}\ 5^{h}\ 49'\ 16''$, & ils ſe trompoient de près d'une demi-minute (3). Tel étoit l'état de nos connoiſſances dans un

(1) Diodore de Sicile, Liv. I, ſect. I, §. 6.

Strabon, *Lib. XVII*, p. 806.

Hérodote même ne paroît pas avoir eu connoiſſance de ce quart de jour; il ne parle que de douze mois de trente jours chacun avec cinq jours épagomènes. *Lib. I*, §. 4.

(2) *Infrà*, p. 161.

(3) *Infrà*, p. 26.

tems où les Astronômes avoient derrière eux vingt siècles écoulés depuis les chaldéens jusqu'à nous ; & sans compter ce que l'antiquité peut nous laisser ignorer, nous voyons qu'il a fallu, pour parvenir à cette précision d'une demi-minute, les efforts successifs de trois peuples connus, les peuples de Babylone, les Grecs d'Alexandrie & les Européens. On doit en conclure nécessairement que l'année indienne de $365^{j}\ 5^{h}\ 50'\ 35''$, qui dans les tems où elle a été observée, ne s'écartoit guères plus que celle des Tables alphonsines, n'a pu être établie qu'avec les mêmes secours du tems & des efforts constans d'un grand nombre de générations.

Or on lit dans l'histoire de l'Astronomie chinoise que lorsque Ginghiskan, fondateur de la dynastie des Mongols ou des Tartares occidentaux en 1211, fut entré à la Chine, lui & ses successeurs se servoient des méthodes astronomiques d'un prince de la famille de Lao, & ces méthodes supposoient une année de $365^{j}\ 5^{h}\ 50'\ 46''$ (1). Les peuples de Lao, nommés aussi Kitans, étoient des Barbares. Ce ne sont point des Barbares qui peuvent déterminer l'année avec cette précision ; ils doivent l'avoir empruntée au pays où les sciences ont été cultivées, au peuple qui a eu le dépôt des connoissances de l'Asie, & ce peuple ne peut avoir été que les Indiens, ou leurs auteurs. L'année de ces Tartares diffère infiniment peu de l'année indienne ; & il ne faut qu'une légere erreur,

(1) *Infrà*, p. 230.

ou de mémoire, ou de copie, pour avoir produit la différence. Les Chinois, depuis l'an 85 de notre ère, ont varié sur la longueur de l'année; tantôt ils la faisoient de $365^j\ 5^h\ 50'\ 20''$, $21''$, 40 ou $49''$; tantôt ils la faisoient de $365^j\ 5^h\ 54'\ 31''$; & il est remarquable que ces durées se rapportent aux deux années indiennes de $365^j\ 5^h\ 50'\ 35''$, & de $365^j\ 5^h\ 55'\ 13''$ (1). La plus longue étoit dérivée à la Chine, comme dans l'Inde, de la période de 19 ans; mais l'usage de cette période, ainsi que celui de la période de 60 ans, également commune aux Chinois & aux Indiens, sont une conformité bien remarquable.

Après les résultats que nous venons d'obtenir sur l'antiquité des Indiens, il ne faut pas s'étonner si les traditions chinoises rapportent la connoissance du cycle lunaire de 19 ans au tems d'Yao, 2300 ans avant notre ère, ou même au tems d'Hoang-ti, encore plus ancien de trois siècles.

Dominique Cassini avertit que l'origine du zodiaque indien n'est point attachée à aucune belle étoile du ciel, & qu'elle répond à quelques étoiles obscures des Poissons. D'ailleurs quand le soleil y commence l'année, les étoiles qui en sont voisines sont effacées; & ce commencement ne peut être marqué que par le phénomène des étoiles qui se couchent quand le soleil se lève, ou qui se lèvent quand il se couche. Nous avons déjà observé que l'étoile nommée l'Epi de la

(1) *Infrà*, p. 230.

Vierge, avoit dû ſervir par ſon lever ou par ſon coucher à annoncer au peuple de Siam & de l'Inde le commencement de leur année ſolaire (1). On voit par la deſcription du zodiaque chinois, qu'il commence à l'étoile de l'Epi de la Vierge. Pourquoi ce choix entre quinze ou 16 étoiles de la première grandeur, plus belles ou également belles, ſi ce n'eſt que les Indiens & les Chinois, fondés ſur les mêmes obſervations, poſſeſſeurs de la même diviſion du zodiaque, n'ont différé que ſur le point où ils en ont placé l'origine ; les uns, comme les Chinois, ayant choiſi ce point dans le lieu de l'étoile qui annonce le commencement de l'année ; les autres, comme les Indiens, dans le point oppoſé où ſe trouve le ſoleil (2)? Il ne faut point objecter que le zodiaque chinois a vingt-huit conſtellations, & que le zodiaque indien n'en a que vingt-ſept ; car il y a des indices que le zodiaque indien en a eu jadis vingt-huit (3). D'ailleurs le zodiaque égyptien, qui en a auſſi vingt-huit, a douze ſignes diviſés chacun en neuf parties. Chaque conſtellation indienne eſt diviſée en quatre parties, & le zodiaque égyptien a un rapport très-ſenſible avec le zodiaque indien par un nombre égal de cent huit ſubdiviſions (4). Il faut bien plutôt avouer que des ouvrages tels que la diviſion du zodiaque & de la courſe ſolaire en douze parties, ou de la courſe lunaire en vingt-ſept ou en vingt-huit parties, quand on a meſuré

(1) Hiſt. Aſtr. anc, p. 492.

(2) *Infrà*, p. 228.

(3) *infrà*, p. 221.

(4) *Infrà*, p. 223.

avec ſoin les intervalles de ces diviſions, quand on a décrit les étoiles qui y ſont attachées, ne ſont pas de ces entrepriſes qui ſe répètent pluſieurs fois dans la durée du monde. Elles ne s'effacent point du ſouvenir des hommes; elles durent avec le tems, & les peuples qui ſe ſuccèdent ſe les tranſmettent. Cette conformité des deux diviſions du zodiaque, qui ſe retrouvent chez les Indiens, les Chinois, les Perſes & les Egyptiens, montre que l'Aſtronomie de ces différens peuples avoit eu une ſource commune; & la maſſe des connoiſſances que nous avons trouvées chez les Indiens, ſemble placer néceſſairement chez ce peuple, ou chez ſes auteurs, l'origine de ces inſtitutions.

Rien n'eſt plus célèbre dans l'Hiſtoire chinoiſe que le calendrier de l'empereur Chueni. C'eſt lui qui a voulu que l'année commençât à la lune la plus proche du premier jour du printems qui arrive vers le quinzième degré du Verſeau. On ne conçoit pas d'abord la raiſon de cette fixation. On voit facilement pourquoi on a commencé l'année à l'équinoxe du printems; c'eſt le tems du retour de la verdure & de la belle ſaiſon. On ſent encore pourquoi d'autres peuples ont pu commencer l'année au ſolſtice d'hiver; c'eſt l'inſtant où le ſoleil ceſſe de deſcendre, & où il commence à remonter & à ramener la chaleur dans nos climats ſeptentrionaux. Mais pourquoi dans l'intervalle qui ſépare ces deux points? Pourquoi dans un point qui n'eſt remarquable par aucune circonſtance phyſique ou aſtronomique? La raiſon de cette inſtitution ſe trouve naturellement dans l'Aſtronomie indienne.

L'empereur Chueni, suivant l'Histoire de la Chine, a régné depuis l'an 2514 jusqu'à l'an 2537 avant notre ère. L'an 3102 l'origine du zodiaque indien étoit au sixième degré du Verseau; & comme il avance de 54″ par an, cette origine a dû se trouver l'an 2502, c'est-à-dire, la douzième année du règne de Chueni, au quinzième degré du Verseau. Il est donc évident que l'empereur Chueni, dans cette institution, a voulu se conformer à l'usage des Indiens, & commencer, comme eux, l'année au premier point de leur zodiaque mobile. Cette explication est si simple & si naturelle, qu'il paroît difficile de s'y refuser; & si elle est admise, il en résulte que l'époque de Chueni est bien marquée dans l'Histoire de la Chine; & que la tradition des premiers tems de l'empire de la Chine est mieux fondée que plusieurs savans ne l'ont cru jusqu'ici (1). Remarquons que l'empereur Chueni a placé le commencement de l'année dans une conjonction du soleil & de la lune, conformément à l'usage indien, & qu'il a même choisi pour la première année de son calendrier celle où toutes les planètes seroient réunies en conjonction, ce qui est une imitation visible de l'époque caliougam, où les Brames supposent que toutes les planètes ont été en conjonction dans le premier point du zodiaque mobile. L'Histoire de la Chine ajoute que l'empereur Chueni avoit établi des règles sûres pour calculer les mouvemens du soleil, de la lune, des planètes

(1) *Infrà*, p. 239.

&

& des étoiles fixes, & elle regrette que ces règles aient été perdues. Ces règles devoient être celles de l'Aſtronomie indienne (1). Ces règles donnent en effet les mouvemens du ſoleil, de la lune, des planètes & des étoiles : & nous avons montré qu'elles ont dû exiſter dès l'an 3102, 600 ans avant Chueni. C'eſt donc parce que Chueni connoiſſoit cette Aſtronomie, qu'il a vu que l'année qui commençoit l'an 3102 au ſixième degré du Verſeau, devoit commencer l'an 2502 au quinzième degré du même ſigne. C'eſt par cette aſtronomie qu'il a pu faire calculer que le 28 Février de l'an 2449 avant notre ère, vers midi & demi, il devoit y avoir une conjonction du Soleil & de la Lune, qui arriveroit au commencement du zodiaque mobile ; & que le ſoir Jupiter, Saturne, Mars & Mercure ſeroient vus en conjonction après le coucher du Soleil. Il y a donc tout lieu de croire que l'empereur Chueni étoit poſſeſſeur des Tables indiennes, & que c'eſt la connoiſſance de ces Tables qui lui a donné lieu de faire ces inſtitutions (2). Les Tables indiennes ont pu ſe perdre au tems de la deſtruction des livres ordonnée par l'Empereur Tchin-hoang-ti ; & il eſt naturel de penſer que c'eſt cette Aſtronomie indienne perdue, que les Chinois ont toujours regrettée depuis, & que dans tous les tems ils ſe ſont efforcés de retrouver.

Nous ne connoiſſons point l'ancienne Aſtronomie des Perſes ; nous n'en ſavons que ce qu'en a publié Chryſococca,

(1) Article *Gian.* p. 396.

(2) *Infrà*, p. 231 & ſuiv.

& ce qui en a été traduit par Bouillaud. Mais ces Tables auxquelles on a donné l'époque d'Iesdegird, l'an 632 de notre ère, le 16 Juin à midi sous le méridien de Tybènes, sont évidemment fondées sur plusieurs des déterminations de Ptolémée (1). Elles ont donc été corrigées en conséquence de la communication que les Arabes, les Persans & les Tartares ont eue de ces déterminations.

Cependant on apperçoit quelques indices des rapports que l'ancienne Astronomie des Perses a dû avoir avec celle de l'Inde. D'abord les Perses ayant les mêmes époques que les Indiens, l'an 5507 & 3507 avant notre ère, ces époques, qui sont astronomiques, indiquent ces rapports (2).

Il paroît que les Perses, en adoptant le zodiaque en vingt-huit constellations; en ont placé l'origine à la seconde constellation indienne. Nous en jugeons ainsi, parce que les Pléïades composent la troisième constellation du zodiaque indien & la seconde de celui des Perses (3). Or l'an 3507 le zodiaque indien ayant son origine au premier degré du Verseau, le zodiaque persien devoit commencer vers le treizième degré. L'année commençoit donc environ quarante-huit jours avant l'équinoxe; & l'on voit que lorsqu'en 1079 de notre ère, le sultan Melicshah, aidé de l'Astronôme Omar Cheiam, trouva que l'année commençoit quinze jours avant l'équinoxe, cette année avoit avancé de 33 jours. Elle avoit été, dit-on, réglée par Giamschid dont on fixe

(1) *Vide infrà* Astron. ind., pag. 245.

(2) *Infrà*, p. 251.

(3) *Infrà*, p. 258.

le règne à l'an 3407. Ces 33 jours d'anticipation répondent donc à 4485 ans écoulés. En effet l'année persienne de 365 $\frac{1}{4}$ jours, plus grande de 10′ ou 10′ $\frac{1}{2}$ que la véritable année solaire, doit arriver chaque année plus tard, & le point où elle commence doit s'avancer chaque année le long de l'écliptique. Si l'on multiplie 4485 ans par cette anticipation de 10′ $\frac{1}{2}$, on aura 47093′, ou environ 33 jours; ce qui montre que l'année, au tems de Melicshah, précédant l'équinoxe de 15 jours, a dû, l'an 3407 avant notre ère, précéder cette équinoxe de 48 jours. Son origine alors répondoit donc au treizième degré du Verseau (1).

L'étoile de l'Eridan, marquée par un θ dans Baïer, est la première du zodiaque persien dans le petit catalogue que nous a conservé Bouillaud. En partant de la longitude de cette étoile & remontant à l'an 3407, on trouve qu'elle a dû avoir environ $10^s\ 13^\circ$ de longitude (2). Le commencement de ce zodiaque étoit donc en effet placé à la seconde constellation du zodiaque indien. Mille ou onze cens ans après cette époque, c'est-à-dire, l'an 2400 ou 2300 avant notre ère, le Bélier indien ou persien a dû répondre aux Poissons, le Taureau se trouvant alors à l'équinoxe; c'est pourquoi les anciens ont dit que le soleil entrant dans le Taureau, ouvroit l'année;

Candidus auratis aperit cum cornibus annum
Taurus.

C'est pourquoi les Perses, marquant les douze signes par

(1) *Infrà*, p. 249.

(2) *Infrà*, p. 253.

les lettres de l'alphabet, ont placé un A au Taureau, qui étoit le premier ſigne de l'année tropique. Ce tems eſt à peu près celui où ont commencé les obſervations chaldéennes. Nous penſons que c'eſt auſſi à cette époque que l'on a abandonné les vingt-ſept ou vingt-huit conſtellations du zodiaque lunaire, & qu'on a attaché les étoiles & les conſtellations figurées aux douze ſignes du zodiaque (1).

Mille ans après, les équinoxes & les ſolſtices répondoient au milieu des ſignes des Poiſſons, des Gémeaux, de la Vierge, du Sagittaire; c'étoit le tems de l'expédition des Argonautes. Cette deſcription paſſa dans la Grece, & elle fut attribuée à Chiron. On eſt étonné, & nous l'avons été nous-mêmes qu'Eudoxe, un des plus anciens & des plus célèbres Aſtronômes Grecs, venu huit ou neuf cens ans plus tard que Chiron & les Argonautes, ait encore dit que les points des équinoxes & des ſolſtices répondoient au quinzième degré des conſtellations : les douze conſtellations étoient de ſon tems aſſez exactement d'accord avec les ſignes. Cette ſingularité s'explique aujourd'hui par la diſtinction que nous venons de faire entre le zodiaque perſien & le zodiaque indien, dont l'origine étoit moins avancée de treize degrés. Selon le premier, les équinoxes ont répondu au quinzième degré des conſtellations au tems de Chiron; ſelon le ſecond, ce phénomène n'a eu lieu que l'an cinq cent avant notre ère, & un ſiècle environ avant Eudoxe. Ces différentes

(1) *Infrà*, p. 259.

descriptions du zodiaque se trouvoient en Asie ; le hasard faisoit rencontrer ou les unes ou les autres. Eudoxe auroit eu tort dans sa désignation s'il avoit suivi le zodiaque persien ; il avoit raison, parce qu'il paroît qu'il a suivi le zodiaque indien (1).

Il y a encore quelques preuves qu'Eudoxe a en effet suivi ce zodiaque. Hypparque le reprend d'avoir dit, ainsi qu'Aratus, que les étoiles de la tête des Gémeaux étoient dans le tropique d'été. Ces étoiles ayant six & neuf degrés de latitude, éloignées par conséquent de l'équateur d'environ 30 ou 33 degrés, ne pouvoient être dans le tropique qui n'en étoit éloigné que d'à peu près 24 degrés. Hypparque voyoit de plus que, suivant ses propres observations, ces deux étoiles étoient aussi éloignées du solstice d'environ 6 à 9 degrés. Ces désignations paroissent donc fausses à tous égards. Elles étoient exactes dans le zodiaque indien. L'origine de ce zodiaque précédoit l'équinoxe de 9° 20′ l'an 127 avant notre ère & au tems d'Hypparque ; cet Astronôme trouva l'étoile α des Gémeaux dans 2^s 20° 40′ de longitude. Cette étoile avoit donc trois signes complets de longitude dans le zodiaque indien ; c'est ce qui détermina Eudoxe & Aratus à la placer au solstice d'été & dans le colure, conformément aux désignations indiennes (2).

Hypparque crut appercevoir bien une autre faute dans les désignations d'Eudoxe & d'Aratus. Ces Astronômes

---

(1) *Infrà*, p. 261.

(2) *Infrà*, p. 263.

disent que les étoiles du Bélier sont trop petites pour être visibles dans la pleine lune, & que cette constellation ne peut être reconnue que par les étoiles du Triangle & d'Andromède. On ne peut concevoir qu'Eudoxe & Aratus aient pu tomber dans de pareilles erreurs. La seule tête du Bélier renferme trois belles étoiles qui sont très-remarquables; comment donc ces deux Astronômes Grecs ont-ils fait pour s'y méprendre? La raison en est simple; ce n'est qu'un mal entendu. La première constellation indienne, comprise dans le signe du Bélier, a en effet son origine dans un point de l'écliptique, où il n'y a que des étoiles obscures des Poissons. Eudoxe & Aratus avoient donc raison, en parlant d'après le zodiaque indien. Cette constellation est réellement désignée par trois étoiles du Bélier, une d'Andromède, & deux du Triangle, comme le disent les Indiens. Ces six étoiles se lèvent successivement dans le tems que la constellation, qui ne contient que des étoiles obscures, monte sur l'horizon (1). On voit qu'Eudoxe avoit encore raison & se conformoit aux descriptions indiennes, en disant que la constellation du Bélier étoit désignée par les étoiles d'Andromède & du Triangle. Il semble donc naturel de croire qu'Eudoxe avoit suivi les désignations indiennes. Mais il est naturel d'en conclure aussi que les constellations, avant d'être dénommées par les étoiles qui y sont renfermées, ont été désignées par les étoiles qui se levoient avec elles. Il

(1) *Infrà*, p. 264.

paroît même que c'eſt en paſſant d'une déſignation à l'autre, qu'on a changé l'origine du zodiaque, & qu'on l'a placée dans un point plus avancé de treize degrés, comme nous croyons que l'ont fait les Perſans. L'étoile d'Andromede ſe levoit la première ſur l'horizon de Bénarès avec le ſixième degré du Verſeau, où étoit l'an 3102 l'origine du zodiaque. Les deux étoiles du Triangle ſe levoient enſuite; l'étoile γ du Bélier ſe levoit la dernière. Elle répondoit donc à la fin de la première conſtellation. Quand on a voulu déſigner les conſtellations par les étoiles qui y ſont réellement renfermées, l'étoile γ du Bélier, qui étoit la dernière, ſelon l'ordre des levers, s'eſt trouvée la première, ſelon la longitude; & la ſeconde conſtellation eſt devenue la première, comme nous l'avons reconnu dans le zodiaque des Perſes (1). C'eſt cette diviſion qu'Hypparque a ſuivie dans ſa nomenclature des étoiles; car de ſon tems l'origine du zodiaque des Indiens précédoit l'équinoxe de 9° 20′. Dans ſon catalogue l'étoile γ du Bélier étoit plus avancée de 4 degrés que cet équinoxe; cette étoile avoit donc alors 13° 20′ de longitude dans le zodiaque indien, & étoit dans le point où commence la ſeconde conſtellation (2). Hypparque a conſacré dans l'Aſtronomie qu'il nous a laiſſée, & que nous ſuivons encore aujourd'hui, l'ancien uſage des Perſes, de commencer le zodiaque par la ſeconde conſtellation indienne. Il paroît donc que cette ancienne deſcription du ciel, cette

(1) *Infrà*, p. 266. (2) *Infrà*, p. 268.

division primitive du zodiaque, communiquée aux Chaldéens & aux Grecs d'Alexandrie, a été exécutée par les Indiens ou par leurs auteurs.

Une grande preuve de la communication de ces lumieres, & des instructions qui ont passé des Indiens aux Perses & aux Chaldéens, ce sont les intervalles mesurés & connus entre les trois époques de ces peuples; les époques du caliougam, de Nabonassar & d'Iesdegird (1). Les rapports des époques décèlent les rapports des Astronomies. Ce qu'il y a de certain, c'est que la plus ancienne de ces époques, celle du caliougam, indique le peuple le plus ancien, le peuple qui est l'auteur de ces lumières, ou du moins celui qui les a communiquées aux deux autres. Les époques d'Iesdegird & de Nabonassar étoient modernes chez les Perses & chez les Chaldéens, & avoient été substituées aux époques plus anciennes de Giamschid & d'Evechoüs, qui l'un & l'autre instituèrent les années solaires chez les deux peuples. On ne peut croire que ce soit Ptolémée, qui ait choisi l'époque de Nabonassar pour y placer les longitudes fondamentales de ses Tables. S'il n'eût pas eu dessein d'associer l'Astronomie d'Alexandrie à celle de Babylone, il auroit pris son époque dans le règne de Ptolémée, dans les années & les momens de ses observations (2). Nous pensons que les Chaldéens avoient des longitudes déterminées pour le moment de l'époque de Nabonassar, & que Ptolémée a voulu les conserver.

(1) *Suprà*, p. cxxxiv. *Infrà*, p. 255 & 281.

(2) *Vide infrà*, Astronom. ind. p. 277.

On

On peut ſoupçonner même que les longitudes du ſoleil pour les inſtans des époques de Nabonaſſar & d'Ieſdegird, ont été priſes dans les Tables indiennes, & dérivent par conſéquent de la grande époque caliougam (1). Mais ce ſoupçon ne peut être mis au rang des preuves ; nous voulons en offrir de plus démonſtratives, & nous aimons mieux les chercher dans ce qui nous reſte de l'Aſtronomie chaldéenne. Ces reſtes ſont peu nombreux & ſe bornent à la connoiſſance de l'année ſidérale de $365^j\ 6^h\ 11'$, & à la période de $6585^j\ \frac{1}{3}$, qui ramenoit le ſoleil & la lune en conjonction & à peu près à la même diſtance du nœud. Si l'on réduit cette année chaldéenne à ce qu'elle doit être relativement à l'équinoxe, on trouvera $365^j\ 5^h\ 50'\ 35''\ \frac{1}{2}$, & préciſément la même année tropique que ſuppoſent les Tables indiennes. Il ſemble que l'on ait corrigé l'année de ces peuples, ou plutôt leur préceſſion des équinoxes en la réduiſant de $54''$ à $50''\ \frac{1}{3}$, & en diminuant en conſéquence la longueur de l'année de $1'\ 30''$; de manière que l'année indienne de $365^j\ 6^h\ 12'\ 30''$ a pu produire l'année chaldéenne de $365^j\ 6^h\ 11'$ (2).

Quant à la lune, les Chaldéens diſent que pendant leur période de $6585^j\ 8^h$, la lune faiſoit un nombre de révolutions complettes à l'égard de ſon apogée, de ſon nœud & du ſoleil, & qu'elle parcouroit 241 fois le zodiaque entier, plus $10°\ 40'$.

(1) *Infrà*, p. 246 & 292.

(2) *Infrà*, p. 219 & 271.

Quoique les Chaldéens paroiſſent avoir eu connoiſſance de l'année ſidérale aſſez exacte dont nous avons parlé, il y a lieu de croire cependant qu'ils ne la faiſoient réellement que de 365ʲ $\frac{1}{4}$ en nombre rond. Alors leur période comprenoit 18 ans 10ʲ & 20ʰ. Si l'on calcule ſur les Tables indiennes de Chriſnabouram le mouvement du ſoleil pour 10ʲ 20ʰ qui excèdent les révolutions complettes, & les mouvemens de la lune pour 6585ʲ $\frac{1}{3}$; le tout dans le zodiaque mobile, on aura mouvement du ſoleil

aura mouvement du ſoleil.	0^s	10°	$40'$	$38''$
de la lune.	0	10	40	18
de l'apogée.	0	13	29	38
du nœud	0	11	4	35 (1).

Ce rapport eſt d'autant plus ſingulier, que le mouvement de la lune 10° 40′ eſt celui qui a lieu à l'égard des étoiles. Ce mouvement donné par les Chaldéens eſt donc dans un zodiaque mobile, & mobile de 54″ par an; & comme le mouvement, qui réſulte de la période chaldéenne, eſt préciſément le même que celui des Tables de Chriſnabouram, il y a tout lieu de croire que les Chaldéens, pour compoſer cette période de 6585ʲ $\frac{1}{3}$, qui leur ſervoit à prédire les éclipſes de lune, ſe ſont réglés ſur les Tables & les calculs des Indiens.

Les Chaldéens avoient auſſi leur neros de 600 ans, qui ne peut être que la fameuſe période que Joſephe attribue aux anciens patriarches antediluviens, & que D. Caſſini a exa-

(1) *Infrà*, page 269.

minée. Mais D. Caſſini a été obligé de ſuppoſer la révolution de la lune pour trouver celle du ſoleil. Ici nous ne ſuppoſerons rien; nous calculerons le mouvement des deux aſtres ſur les Tables de Chriſnabouram, & pour un intervalle de 219146^{j} $\frac{1}{2}$, comme a fait D. Caſſini:

Mouvement du ſoleil. . . .	11^{s}	21°	22′	18″
de la lune.	11	21	27	21.

Mais comme ces Tables donnent le moyen mouvement dans le zodiaque mobile, & que l'origine de ce zodiaque avance de 9 degrés en 600 ans, il s'enſuit que dans cet intervalle de 219146^{j} $\frac{1}{2}$, le mouvement du ſoleil, compté

de l'équinoxe eſt.	0^{s}	0°	22′	18″
celui de la lune.	0	0	27	21 (1).

On ne peut deſirer plus de conformité entre le réſultat de la grande année de Joſephe & ce calcul fait ſur les Tables indiennes. Nous croyons qu'on en peut conclure l'une de ces deux choſes, ou que la période de 600 ans a été établie ſur les mouvemens de ces Tables, ou que ces mouvemens ont été déterminés par les mêmes obſervations qui ont ſervi à découvrir la période de 600 ans. Il ne faut pas s'étonner ſi Joſephe rejette ces obſervations au-delà du déluge, puiſque les dates que nous a indiquées l'Aſtronomie indienne placent les obſervations qui ont fondé cette Aſtronomie, dans des tems aſſez éloignés pour avoir précédé le déluge.

Il y avoit en Aſie des traditions répandues, peut-être des

(1) *Infrà*, p. 271.

des copies manuſcrites plus ou moins complettes des Tables indiennes, où les Chaldéens avoient puiſé ces connoiſſances. On peut croire que les Grecs d'Alexandrie ont profité de ces inſtructions, & en rapprochant leurs déterminations de celles des Indiens, on peut retrouver des traces de la communication. Ariſtarque eſt un des premiers & des plus célebres Aſtronômes de l'école d'Alexandrie ; on lui attribue les opinions les plus ſaines, les plus grandes découvertes & les meſures les plus délicates. Il avoit en effet l'opinion la plus juſte de la diſtance infinie des étoiles ; il plaçoit le ſoleil au centre du monde ; il a donné une méthode très-ingénieuſe pour eſtimer le rapport de la diſtance du ſoleil à la lune ; il avoit meſuré aſſez exactement la diſtance de la lune à la terre ; il avoit auſſi meſuré le diamètre du ſoleil. Voilà des progrès bien rapides & bien étonnans pour des commencemens ! Il faut ſe rappeler qu'Ariſtarque n'avoit derrière lui qu'Ariſtille & Timocharis, & qu'il n'y avoit pas un demi-ſiècle que l'école d'Alexandrie étoit établie. Ceux qui connoiſſent la marche des ſciences, ſentiront que lorſqu'on a tout à fonder & tout à commencer, lorſque les inſtrumens ſont nouveaux, & que les méthodes ſont à naître, les premiers progrès ne ſont point marqués par de telles découvertes ; mais ce ne ſont point des raiſonnemens & des preuves philoſophiques, ce ſont des faits que nous voulons offrir ici. Ariſtarque diſoit que la grande année étoit de 2484 ans ; la grande année, ſelon les anciens, étoit le plus ſouvent l'intervalle qui ramène les conjonctions des planètes.

Nous avons montré que celle d'Ariſtarque eſt une période, qui ramène le ſoleil & la lune en conjonction avec la même étoile (1). Cette période eſt donc réglée à la manière indienne : ce ſont des révolutions ſidérales, & elles s'accompliſſent dans un zodiaque mobile, ſemblable à celui des Indiens ; mais Ariſtarque n'a pu trouver chez les Chaldéens des obſervations aſſez anciennes & aſſez exactes pour lui donner lieu de déterminer la durée de cette période. Ptolémée, qui a dû choiſir les meilleures des obſervations chaldéennes, ne remonte pas plus haut que l'an 721 avant notre ère ; & les obſervations qui ont été citées par Calliſthènes, n'étoient éloignées du tems d'Ariſtarque que d'environ 1600 ans. Ariſtarque a donc eu d'autres reſſources pour déterminer ſa période, ſi elle eſt due à des obſervations. On ne peut douter que l'ère des Indiens, c'eſt-à-dire l'époque du caliougam, ne fût connue à Babylone, puiſqu'elle a été comparée à l'époque de Nabonaſſar. Ptolémée nous cite une obſervation faite dans cette ville l'an 621 avant notre ère ; cette obſervation étoit par conſéquent éloignée de l'époque indienne de 2481 ans. Ce rapport entre la durée de la période d'Ariſtarque de 2484 ans, & l'intervalle écoulé depuis l'époque des Indiens juſqu'aux obſervations chaldéennes, eſt aſſez frappant pour permettre une concluſion légitime. Il y a lieu de croire qu'Ariſtarque a connu l'obſervation qui ſert de baſe à l'époque indienne, & qu'il l'a com-

(1) Hiſt. de l'Aſtr. mod. T. I, p. 19. *Infrà*, p. 278.

parée à quelqu'obſervation faite à Babylone vers l'an 618 avant notre ère (1).

Ariſtarque avoit meſuré, dit-on, le diamètre du ſoleil, & l'avoit trouvé de la 720e partie du cercle qu'il décrit, c'eſt-à-dire, de 30 minutes (2). Hypparque l'obſerva de la même quantité (3). Ptolémée l'établit de 31′ 20″, & déclara que ſes variations étoient inſenſibles ; il étoit, à cet égard, moins avancé que les Indiens qui font varier ce diamètre (4). Mais nous ne pouvons nous empêcher d'obſerver que la quantité de 30 minutes aſſignée par Hypparque & par Ariſtarque au diamètre du ſoleil, eſt préciſément le diamètre moyen du ſoleil ſelon les Indiens. Archimède doutoit de l'exactitude de cette détermination (5) ; & nous, nous pouvons douter ſi elle n'a pas été empruntée aux Indiens.

Une choſe très-extraordinaire, c'eſt la fixation de l'apogée du ſoleil dans le cinquième degré 30 minutes des Gemeaux, & que Ptolémée ſuppoſe la même & pour ſon tems, & pour

---

(1) *Infrà*, p. 281.

(2) Hiſt. Aſtron. mod. T. I, p. 19.

(3) *Ibid.* p. 97.

(4) *Ibid.* p. 538, 539.

Infrà, p. 381 & 418.

(5) Aſtron. mod. T. I, p. 20. Archimède répéta cette obſervation (*Ibid*). Il trouva que le diamètre du ſoleil n'étoit pas plus petit que 27′, ni plus grand que 32′ 55″; le milieu eſt, à très-peu près, 30′. On voit que cette méthode & les inſtrumens étoient inſuffiſans pour découvrir les variations du diamètre. Croit-on qu'Ariſtarque eut des méthodes meilleures que celles d'Archimède, le plus grand géomètre de l'antiquité. Les Indiens ont été plus loin, & s'ils ont fait les variations trop grandes, au moins ils les ont reconnues & ont eſſayé de les déterminer. Toutes ces conſidérations autoriſent le ſoupçon qu'Ariſtarque avoit pris chez les Indiens la quantité moyenne du diamètre du ſoleil.

celui d'Ariſtarque, & pour l'époque de Nabonaſſar qui l'avoient précédé de 265 & de 885 ans; d'où il réſulte que cet Aſtronôme n'attribuoit aucun mouvement à l'apogée du ſoleil. Il y a des Tables indiennes, telles que celles de Chriſnabouram, qui donnent un mouvement à cet apogée; mais ſon immobilité eſt un des points de la doctrine de quelques Brames, elle eſt conſignée dans les Tables de Siam & dans celles de Tirvalour, où ce point de l'orbite ſolaire eſt regardé comme fixe dans le zodiaque mobile. Cette erreur inconcevable de Ptolémée, qui attribuoit un mouvement aux apogées de toutes les planètes, excepté à celui du ſoleil, ſemble donc avoir ſa ſource dans l'Aſtronomie indienne mal entendue. Mais ſi Ariſtarque a fait quelques emprunts à cette aſtronomie, on pourroit ſoupçonner qu'il y a pris également le lieu de l'apogée du ſoleil. Cet apogée eſt dans $2^s\ 17^\circ$ du zodiaque indien, dont l'origine, au tems d'Ariſtarque, l'an 264 avant J. C., précédoit l'équinoxe de $11^\circ\ 30'$. La longitude de cet apogée, comptée de l'équinoxe, étoit donc $2^s\ 5^\circ\ 30''$, & c'eſt préciſément celle que Ptolémée nous a laiſſée (1).

On attribue à Hypparque la découverte du mouvement des étoiles en longitude, ou de la rétrogradation des points équinoxiaux. Nous dirons toujours que c'eſt beaucoup, après deux ſiècles d'obſervations, d'avoir apperçu un pareil phénomène, & d'en avoir découvert la véritable cauſe. Nous n'avons point le deſſein d'enlever à cet Aſtronôme la gloire

(1) *Infrà*, p. 283.

dont il jouit depuis ſi longtems; cependant il y a ici des rapports que nous ne devons point paſſer ſous ſilence. Ptolémée a fixé ce mouvement à 36 ſecondes par an. Or Maſſoudi, auteur Arabe, attribuant à Brama l'origine de l'Aſtronomie indienne, ajoute que ſuivant ce patriarche des Brames, le ſoleil demeuroit 3000 ans dans chaque ſigne du zodiaque, la révolution entière étant de 36000 ans (1). Cette révolution ne peut être que celle des fixes, & elle ſuppoſe 36 ſecondes de mouvement annuel. Maſſoudi ne pouvoit pas ignorer que ce mouvement étoit celui de Ptolémée; pourquoi donc en auroit-il attribué la connoiſſance & l'invention à Brama, infiniment plus ancien que cet Aſtronôme, s'il n'avoit pas été fondé ſur quelque tradition orientale? Mais ce qui eſt très-remarquable, ce qui ſemble démontrer les imitations des Grecs d'Alexandrie, & les emprunts qu'ils ont faits tacitement à l'Aſtronomie indienne, c'eſt que cette Aſtronomie ne s'explique point ſur le mouvement des étoiles en général; à prendre les choſes à la lettre, elle ſemble ſuppoſer que la bande du zodiaque ſe meut ſeule, entraînant avec elle toutes les étoiles qui y ſont renfermées; & Hypparque ſe conformant aux hypothèſes de ceux que nous regardons ici comme ſes maîtres, commença par ſuppoſer que le mouvement progreſſif des étoiles n'avoit lieu que pour celles qui ſont placées dans la bande du zodiaque. Nous avouons que ce point de reſſemblance nous paroît démonſtratif pour établir

(1) M. de Guignes, Mém. de l'Ac. des Inſc. T. XXVI, p. 771.

la communication de l'Aſtronomie indienne à celle d'Alexandrie. Rien n'eſt plus bizarre que la première hypothèſe d'Hypparque ; & on ne peut imaginer ce qui l'a fait tomber dans cette erreur, ſi ce n'eſt une imitation d'abord ſervile des Indiens. Il s'y eſt trompé, comme Ptolémée à l'immobilité ſuppoſée de l'apogée du ſoleil. Ces deux erreurs ſont pareilles, & ſemblent avoir leur ſource dans la forme des Tables indiennes. Les Brames, qui ne cultivent la ſcience que pour le beſoin, ont tenu compte du mouvement des étoiles zodiacales, à cauſe de leurs rapports avec le ſoleil & la lune; & ils s'embarraſſent peu ſi les autres étoiles du ciel ſe meuvent. Hypparque abandonna bientôt cette erreur : il vit que ce mouvement naiſſoit de la rétrogradation des points équinoxiaux, & ſon génie l'éleva à conſidérer ce phénomène comme un effet général qui affecte toutes les étoiles; mais ces premiers pas dans la carrière paroiſſent avoir été faits à la ſuite des Indiens (1).

On ſait qu'Hypparque & Ptolémée ont établi la durée de l'année de $365^{j}\ 5^{h}\ 55'\ 12''$, en commettant une erreur de près de $6'\frac{1}{2}$. Les intervalles des obſervations qui fondent cette détermination, ne ſont pas aſſez longs pour qu'Hypparque, Aſtronôme habile, ait pu y avoir une certaine confiance. Il faut néceſſairement que ſa confiance ait été fondée ſur quelque détermination plus ancienne dont on ne nous parle pas. Mais ſi cet Aſtronôme a eu quelque communi-

(1) *Infrà*, p. 288.

cation de l'Aſtronomie indienne, & s'il a connu l'anné qui, déduite de la période de 19 ans, eſt de $355^{j}\ 5^{h}\ 55'\ 13''\frac{1}{2}$, cette année, déjà connue, déjà établie longtems avant lui, a dû lui donner quelque confiance dans les réſultats qu'il tiroit de ſes obſervations. Il eſt évident que l'année d'Hypparque eſt trop exactement reſſemblante à celle des Indiens pour n'avoir pas été imitée. Si cette durée étoit vraie, ces deux années ſeroient les copies du même original, elles auroient été priſes à la même ſource & dans la vérité des mouvemens céleſtes; mais quand on s'écarte de cette vérité, on ne rencontre les mêmes erreurs que par imitation (1).

Ptolémée nous a raconté qu'Hypparque, vérifiant les anciennes périodes établies par les Chaldéens, en avoit établi d'autres lui-même; une de 126007 jours & une heure, pendant laquelle la lune fait 4267 révolutions à l'égard du ſoleil, 4573 à l'égard de ſon apogée, & parcourt 4612 fois le zodiaque moins ſept degrés & demi; une autre de 5458 mois ou de $161177^{j}\ 23^{h}\ 28'\ 25''$, qui ramène la lune à la même diſtance de ſon nœud. Ces périodes embraſſent, l'une 345 ans, & l'autre 442 ans; & il faut ſonger que ſi elles ont été déterminées par obſervation, il faut que les obſervations aient été choiſies parmi beaucoup d'autres, & dans une longue ſuite de ſiècles. Car, comme le remarque D. Caſſini, « on n'aura pas de peine à croire qu'il faille tant » d'obſervations pour vérifier l'uniformité de ces périodes,

(1) *Infrà*, p. 286.

» si l'on fait réflexion qu'entre toutes les observations que » nous avons des éclipses arrivées depuis 2500 ans jusqu'à » présent, il ne s'en trouve pas deux qui soient éloignées » entr'elles de l'espace d'une de ces longues périodes ». On peut juger, comme D. Cassini, que l'intervalle écoulé entre la plus ancienne observation des Chaldéens citée par Ptolémée, & de l'an 721 jusqu'à Hypparque, qui vivoit 125 ans avant notre ère, n'étant que de six siècles, cet intervalle n'auroit pas suffi, à beaucoup près, à l'établissement de ces périodes. Il faut en conclure ou qu'Hypparque a eu sous les yeux d'autres observations que celles des Chaldéens, & d'une date infiniment plus ancienne, ou qu'il a composé ces périodes d'après des mouvemens déjà connus & consignés dans des Tables astronomiques.

C'est de ces périodes que Ptolémée a déduit les mouvemens de la lune tant à l'égard de son nœud & de son apogée qu'à l'égard du soleil. Il semble donc qu'en calculant sur les Tables de Ptolémée, les mouvemens de cette planète & du soleil pour ces intervalles de tems, on devroit satisfaire exactement aux conditions de ces périodes. Ces conditions sont, pour la première, de ramener le soleil & la lune en conjonction, & en outre que la lune ait décrit le zodiaque entier moins sept degrés & demi. Les Tables de l'Almageste de Ptolémée donnent en 126007 jours une heure :

Mouvement du soleil	11^s	26°	$59'$	$7''$
de la lune.	11	26	56	33 (1).

(1) *Infrà*, p. 298.

Le ſoleil & la lune ſont en effet, à très-peu près, en conjonction, & la première condition eſt remplie.

Mais ce mouvement eſt relatif à l'équinoxe. Si on veut l'avoir relativement aux étoiles & au zodiaque, il faut en retrancher le mouvement des étoiles qui, ſuivant Ptolémée, à raiſon de 36″ par an, eſt de 3° 27′ en 345 ans.

Le mouvement de la lune ſera donc de 11ˢ 23° 29′, & il s'en faudra ſix degrés & demi, & non pas ſept degrés & demi, qu'elle ait parcouru le zodiaque entier, comme l'exige la période d'Hypparque. Par conſéquent la ſeconde condition n'eſt pas remplie. Si l'on calcule pour le même intervalle de tems ſur les Tables de Chriſnabouram on trouve mouvement

du ſoleil	11ˢ	22°	50′	59″
de la lune	11	22	49	30

Mais nous avons reconnu que ces Tables de Chriſnabouram admettoient une correction pour ſe rapprocher des anciens mouvemens de Tirvalour, ou plutôt de ceux de cette Aſtronomie *ſiddantam* qui a ſervi de règle dans l'Inde. Suivant cette Aſtronomie, le mouvement de la lune eſt plus lent de 4′ 32″ par ſiècle; ſi donc on retranche du mouvement de la lune 16′ 52″ pour 345 ans, ce mouvement ſera de 11ˢ 22° 32′ 44″. Il s'en faut, à très-peu près, ſept degrés & demi que le zodiaque entier ne ſoit parcouru; ainſi la ſeconde condition de la période d'Hypparque n'eſt remplie que par les Tables indiennes & par l'ancienne Aſtronomie *ſiddantam* (1).

(1) *Infrà*, p. 299.

Si pour la ſeconde période on calcule les mouvemens du ſoleil, de la lune & du nœud ſur les Tables de Ptolémée, dans l'intervalle de 161177^j 23^h 28′ 25″, on trouvera :

Mouvement	du ſoleil	3^s	12°	43′	3″
	de la lune. . . .	3	12	38	37
	du nœud	3	12	51	31

dans leſquels la coincidence n'eſt pas parfaite.

Sur les Tables de Chriſnabouram on trouvera :

Mouvement	du ſoleil	3^s	7°	26′	56″
	de la lune. . . .	3	7	47	53
	du nœud	3	10	0	57 (1).

Il ſemble que les mouvemens diffèrent plus les uns des autres par ces Tables que par celles de Ptolémée. Mais ſi on corrige ce mouvement de la lune, ſuivant les règles indiquées dans les Tables de Chriſnabouram, pour les ramener aux anciens mouvemens, on verra qu'il faut retrancher 20′ 24″ de la longitude de la lune, & 2° 33′ 57″ de celle du nœud ; on aura donc :

Mouvement	du ſoleil	3^s	7°	26′	56″
	de la lune, . . .	3	7	27	29
	du nœud	3	7	27	0

longitudes qui offrent une coincidence parfaite entre ces différens mouvemens. C'eſt un réſultat très-ſingulier & très-extraordinaire, que les périodes d'Hypparque ne ſoient repréſentées, avec toutes leurs circonſtances, que par les mouve-

(1) *Infrà*, p. 301.

mens indiens & par les Tables de l'ancienne aſtronomie *ſiddantam.* En même tems que cette ſeconde période nous offre une conformité ſi exacte entre les périodes d'Hypparque & les mouvemens indiens, en même tems qu'elle démontre que les unes ont été copiées ſur les autres, la première période nous a indiqué un mouvement de la lune qu'on ne retrouve que dans les Tables indiennes, ce mouvement eſt dans un zodiaque mobile, & dans un zodiaque qui avance de 54″ par an, comme le ſuppoſent les Indiens; ſuppoſition bien éloignée de celles de Ptolémée & d'Hypparque, qui faiſoient avancer les étoiles de 36″ par an. Cette circonſtance nous paroît abſolument déciſive; elle indique & elle prouve que tous ces mouvemens ont été empruntés à l'Aſtronomie indienne. Ce n'eſt donc point ſur une ſuite d'obſervations d'éclipſes qu'Hypparque a établi les périodes de 126007 & de 161177 jours, mais ſur les Tables indiennes, qui elles-mêmes ont été fondées ſur une ſuite d'obſervations d'éclipſes. Il en réſulte par conſéquent que les Aſtronômes d'Alexandrie tiennent des Indiens les connoiſſances primitives & fondamentales de la théorie de la lune. Mais Ptolémée a dénaturé les réſultats de cette Aſtronomie, parce qu'il a tout meſuré par le mouvement du ſoleil, parce qu'il a rapporté tous les mouvemens de la lune à cet aſtre, & qu'ayant mal déterminé la durée de l'année, mal connu le mouvement du ſoleil, qui en dépend, il a porté ſur le mouvement de la lune l'erreur du mouvement ſolaire (1).

(6) *Infrà*, p. 298.

La comparaiſon approfondie que nous venons de faire des deux Aſtronomies de l'Inde & d'Alexandrie, offre ſans doute des preuves ſuffiſantes & de la communication établie entre l'Aſie & l'Egypte, & des emprunts que les Grecs ont faits, ſous les Ptolémée, à ces anciens dépôts. Mais à ces autorités on peut joindre encore celle de la tradition orientale. Maſſoudi, auteur Arabe du douzième ſiècle, rapporte que Brama a compoſé jadis le livre *Sind-hind*, c'eſt-à-dire, *Du ſiècle des ſiècles*, d'où l'on a fait les livres *Arhabahz* ou *Ardjhiz* & *Maghiſti*. Du premier eſt venu l'*Erkend*, & du ſecond l'*Almageſte* de Ptolémée (1). Or Maſſoudi n'ignoroit pas que les Arabes, qui ſuivoient les préceptes de cet Aſtronôme, qui ne connoiſſoient que les élémens de ſes Tables & de l'Almageſte, avoient tiré ce livre d'Alexandrie ; il ſavoit que ce livre étoit écrit & avoit été compoſé en Grec avant d'être traduit en Arabe : les Grecs d'Alexandrie avoient enſeigné les Arabes. Tout devoit donc porter Maſſoudi à faire honneur de cet ouvrage à ſes maîtres, à croire qu'il étoit dû aux Grecs d'Alexandrie, c'eſt-à-dire, à Ptolémée ; & s'il a dit le contraire, il a dû être fondé ſur quelqu'ancienne tradition qui ſubſiſtoit encore de ſon tems ; & cette tradition rapportoit à Brama, c'eſt-à-dire, aux Indiens le livre, ou du moins les principes aſtronomiques de l'Almageſte. Cette tradition, ſi elle exiſtoit ſeule & ſans l'appui des faits, ne prouveroit rien. Mais lorſque la tradition con-

(3) M. de Guignes, Mém. Acad. Inſcr. T. XXVI, p. 771.

firme un résultat que les faits approfondis ont rendu nécessaire ; il semble que le résultat acquiert une évidence à laquelle il est difficile de se refuser.

Les Indiens n'ont donc rien emprunté à l'Astronomie d'Alexandrie ; ce sont au contraire les Grecs établis dans cette ville sous la protection de Ptolémée, successeur d'Alexandre, qui ont mis à contribution les connoissances répandues dans l'Asie ; connoissances que la conquête a mis à portée de recueillir. Ils ont fondé leur Astronomie nouvelle sur cette antique Astronomie de l'Asie & de l'Inde ; & s'ils n'avoient pas voulu la corriger, ils nous auroient laissé une science plus avancée. Mais Hypparque se défiant de toutes ces déterminations anciennes & dépouillées des observations qui en doivent être les garans, a voulu tout recommencer Il n'a adopté de ces déterminations que celles qui pouvoient s'accorder avec les siennes, & qu'il étoit en état de démontrer. Il nous a donc ramenés au berçeau de la science, & tout l'immense travail qui a dû fonder l'Astronomie indienne, a été perdu.

Ce que les Grecs, & sur-tout Ptolémée, ont fait de plus, c'est qu'ils ont voulu tout expliquer ; de là sont nés les épicycles & les cercles excentriques. Les Indiens ne s'étoient pas occupés de ces recherches alors prématurées ; ils s'étoient contentés de tenir compte des inégalités.

Hypparque se proposa seulement de fonder & d'expliquer la théorie du soleil & de la lune, il ne toucha point à celle des planètes. Ptolémée fut plus hardi ; mais je crois encore qu'il qu'il n'a fait que réformer les mouvemens indiens ſur les nouvelles obſervations, & expliquer les inégalités marquées dans les Tables indiennes, dont il a altéré la ſimplicité par ſes explications. Aux moyens mouvemens près, qui pouvoient avoir beſoin d'être réformés, les Tables indiennes valent beaucoup mieux que celles de Ptolémée. On croit y appercevoir que le centre du mouvement & des inégalités n'eſt pas la terre; & on y voit très-clairement que Vénus & Mercure circulent autour du Soleil. Le phénomène de ces deux petites planètes forcées de ſuivre le Soleil, de l'enfermer dans leur cours, & qui ſemblent emportées par ſon mouvement, doit avoir donné à Hypparque & à Ptolémée l'idée de l'épicycle. Mais ils ont établi ſur ce phénomène véritable & naturel une ſuppoſition abſurde; car s'il eſt naturel que des corps ſoient régis, commandés, entraînés par un corps, il eſt abſurde qu'une planète ſoit emportée par un centre idéal, tourne avec conſtance autour d'un lieu vide, ſoit aſſujettie a dépendre d'un point fictif. Ptolémée a trouvé dans l'Aſtronomie indienne les deux inégalités qu'il a données aux planètes; & les longitudes fictives qui ſervent à déterminer ces inégalités, l'ont conduit à établir, & ſes cercles excentriques, & ſon équant, & tout l'attirail des ſphères dont il a chargé l'explication des mouvemens céleſtes. Les Indiens ont raconté ſimplement ce qu'ils ont vu : Ptolémée a voulu nous inſtruire, nous révéler un méchaniſme, nous apprendre ce qu'il falloit croire; il a gâté la ſcience, & il en a retardé pour longtems les progrès. Mais il réſulte de tout ce qui a été dit jusqu'ici, qu'il y a eu jadis dans l'Asie une suite de travaux qui ont produit une masse de connoissances astronomiques. Les Indiens ont hérité de ces connoissances & en sont encore les dépositaires. Mais les autres nations de l'Asie, telles que les Chinois, les Perses & les Chaldéens qui ont sans doute une origine commune avec les Indiens, ont eu leur part de ce dépôt ; & l'on voit que l'Astronomie de ces differens peuples est fondée sur la même durée de l'année ou tropique ou sidérale, & sur le même zodiaque mobile.

Ces connoissances astronomiques semblent avoir existé dès le tems de l'époque caliougam, ou de l'an 3 102 avant notre ère ; & elles doivent avoir été fondées sur les observations qui ont été faites dans l'âge précédent, dans le troisième âge indien, dans un tems plus ancien que notre époque du déluge. Les Indiens de Tirvalour ont dit à M. le Gentil que les Brames étoient venus du nord dans le Maduré & dans la presqu'île en-deçà du Gange. Telle est la tradition du pays. Nous en conclurons seulement que les Brames y sont descendus de Bénarès ; mais il suit de là que dans la détermination que nous donnent les Indiens du méridien primitif de leurs Tables, la partie septentrionale de cette méridienne est la plus anciennement connue. Ce n'est que par extension qu'on l'a prolongée jusqu'à l'île de Ceilan ; on dit qu'elle passe par Lanka ; & Lanka est un des noms de cette île. Mais nous croyons qu'il faut entendre un lac Lanka, où sont les sources

---

(3) *Infrà*, p. 312.

du Gange, & où paſſe en effet ce méridien primitif. Tout indique que les Brames ont eu là, c'eſt-à-dire, aux ſources du Gange, & dans le Thibet, un ancien établiſſement. Ils ſont deſcendus avec le fleuve, par un uſage très-antique des hommes; le beſoin les enchaîne au bord des rivières, & les porte à en ſuivre le cours. Le P. Gaubil dit que les Lama ou prêtres du Thibet ont d'anciens livres d'Aſtronomie. Tout ce que les Chinois ont appris de cette ſcience, leur eſt venu de l'occident & des environs de Samarcande. Nous ne devons pas omettre une remarque curieuſe qu'a faite feu M. Danville, dont les recherches ont jeté un grand jour ſur la géographie ancienne. Il a reconnu que les trois villes Sera Metropolis, aujourd'hui Kantcheou à la Chine, Maracanda, aujourd'hui Samarcande dans la Tartarie, Nagara ou Dioniſiopolis, que l'on appelle maintenant Nagar dans l'Inde, ont dans la Géographie de Ptolémée, des latitudes aſſez exactes & aſſez conformes à celles que nous obſervons aujourd'hui, pour en conclure que ces latitudes ont été déterminées aſtronomiquement par le gnomon. Ce n'eſt point le haſard qui a fait rencontrer ces latitudes exactes; ce ſont de véritables déterminations, les fruits d'une antique induſtrie, & les témoins d'une longue culture de l'Aſtronomie (1). On voit que cette ſcience a été portée dans les pays qui s'étendent depuis Kantcheou juſqu'à Samarcande, depuis Samarcande juſqu'à Nagar, &

---

(1) *Infrà*, p. 315

depuis Nagar juſqu'à Bénarès, dont la longitude eſt auſſi déterminée aſtronomiquement. On voit que les Indiens ſont les plus riches héritiers de cette Aſtronomie primitive ; ils ſont du moins les dépoſitaires des plus précieux reſtes ; car ils ne poſſedent pas tout, puiſqu'ils regrettent l'Aſtronomie *ſiddantam*, comme les Chinois regrettent celle de Fohi. On voit encore que les Chinois, les Perſes, les Chaldéens, les Grecs d'Alexandrie n'ont fondé leur ſcience que ſur quelques débris de cette Aſtronomie primitive, & que ſon premier ſiége, le lieu de ſon établiſſement, peut avoir été à l'occident de la Chine, au nord de l'Inde, entre quarante & cinquante degrés de latitude, comme nous l'avons annoncé dans l'hiſtoire de l'Aſtronomie ancienne.

Les réſultats que nous avons tirés dans cet ouvrage, tant de l'Aſtronomie que de la chronologie des Indiens, ſur la durée de l'exiſtence de ces peuples, ſur l'exactitude de leurs déterminations & de leurs connoiſſances, ſur le lieu où ces connoiſſances ont été acquiſes, & d'où elles ſe ſont répandues, nous paroiſſent avoir aſſez de certitude pour fonder de nouvelles recherches, & pour devenir la baſe d'un autre ouvrage où nous nous occuperons de l'ancienne hiſtoire des peuples de l'Aſie & des inſtitutions qu'ils nous ont laiſſées.

TRAITÉ

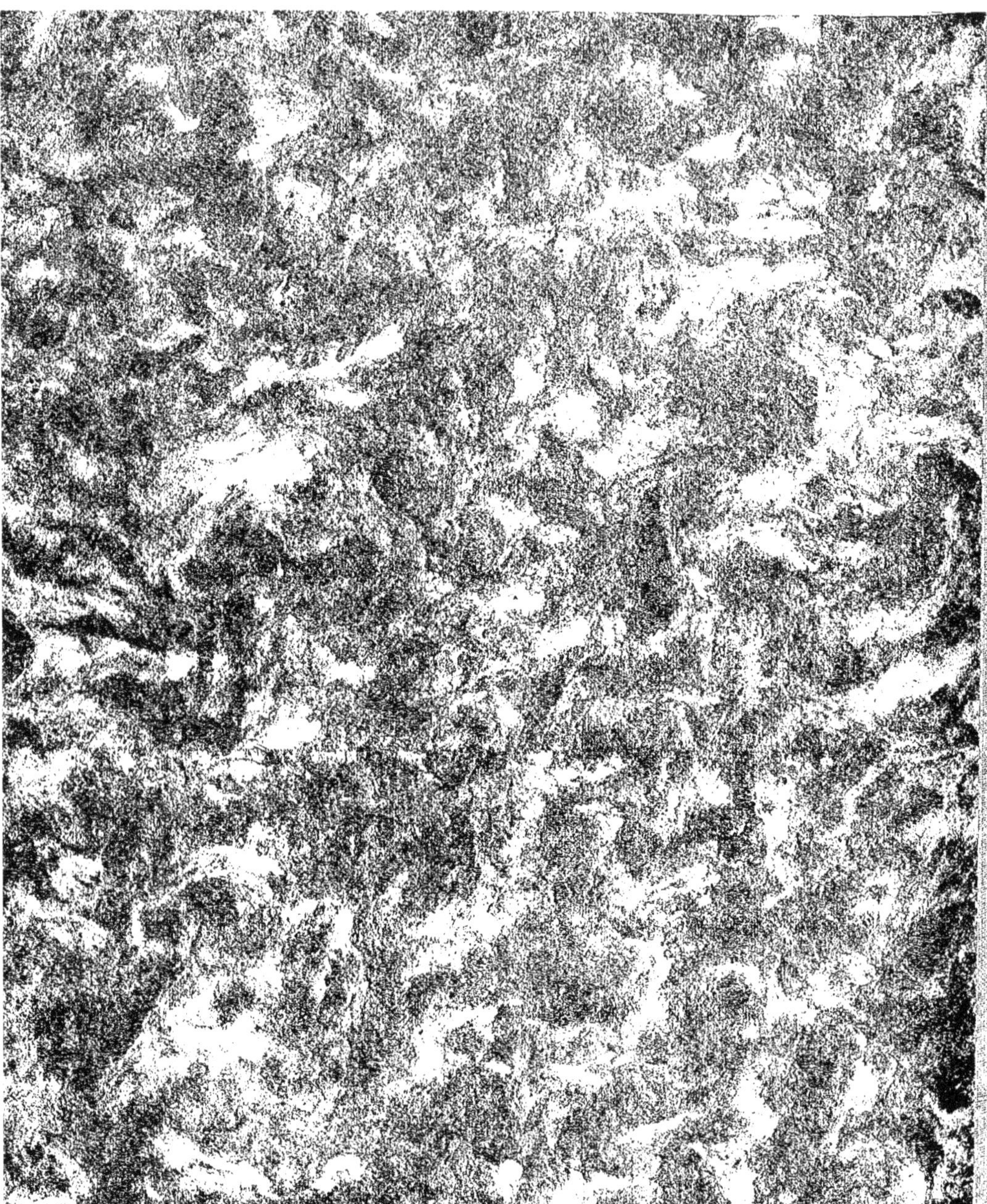

www.ingramcontent.com/pod-product-compliance
Ingram Content Group UK Ltd.
Pitfield, Milton Keynes, MK11 3LW, UK
UKHW020327230726
13925UKWH00002B/674